SOLUTIONS ET RÉPONSES

Du cours complet

D'ARITHMÉTIQUE.

Tout exemplaire non revêtu de notre signature sera réputé contrefait.

Guyot père et fils

LYON. — Imprimerie de GUYOT.

SOLUTIONS ET RÉPONSES

DU COURS COMPLET

D'ARITHMÉTIQUE,

PAR LÉON CHAPELLE.

LYON,
GUYOT PÈRE ET FILS, IMPRIMEURS - LIBRAIRES,
Hotel de la Manicanterie, rue et cour de l'Archevêché;
Même Maison de détail, Grande rue Mercière, 39.
PARIS,
MELLIER FRÈRES, LIBRAIRES,
Place St-André-des-Arts, 11.

1847.

Explication des Signes employés dans les Solutions.

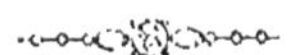

+ Signifie *plus* ou *additionné* avec le nombre qui précède ou qui suit. Exemple : 4 + 5 + 8 = 17, ou 4 plus 5 plus 8 égale 17, ou bien 4 additionné avec 5 avec 8, les 3 nombres égalent 17.

= Signifie *égal*, ainsi 4+2=6 ; 15+20+10+3=48, c'est-à-dire 4 *plus* 2 *égale* 6, etc.

— Signifie *moins* ou *soustraire* du nombre qui accompagne ce signe, ainsi 20—5=15, c'est-à-dire 20 *moins* 15=5 ou 15 à *soustraire* de 20=5.

× Signifie *multiplié par*, c'est-à-dire qu'il faut prendre autant de fois le nombre qui précède, qu'il est marqué d'unités ou de parties d'unité dans le nombre qui suit : ainsi 7× 8=56, c'est-à-dire 7 *multiplié par* 8 égale 56, il en serait de même si l'on avait plusieurs facteurs : ainsi 4×2×6 ×5=240.

• Signifie *divisé par*, ainsi : 8•2=4 , c'est-à-dire 8 *divisé par* 2 égale 4.

F Signifie *forcé*, c'est-à-dire que la quantité ou le nombre, qui est affecté de ce signe, est moindre d'un centième près de la valeur qu'il représente : ainsi 5•2=4,34^{c} F, c'est-à-dire que le quotient réel est 4,33$\frac{1}{2}$, mais que pour éviter de représenter le *reste* de la division, on a augmenté d'une unité le chiffre représentant les centimes, et l'on a 34^{c} F au lieu de ,33 $\frac{1}{2}$.

Dans le commerce, au produit des nombres provenant soit de la multiplication soit de la division, on élève le nombre jusqu'à 5 unités de centièmes ou jusqu'à 10 : ainsi dans le nombre ci-dessus au lieu de dire ,33^{c} $\frac{1}{2}$ ou,

34c, le négociant cote ,35c, et s'il avait par exemple ,38c il coterait ,40c etc.

; Signifie *changement d'opération partielle* : ainsi 8+3=11; 11—6=5;5×7=35. On pourra trouver encore ces deux signes réunis (; •) qui indiquent que le dernier nombre doit être divisé par celui qui suit ; ainsi 48×2=96; • 100=0,96, c'est-à-dire que le nombre 96 doit être divisé par 100, que l'on aurait dû représenter 46 une autre fois, on a voulu éviter par-là de répéter trop souvent les mêmes nombres.

AVIS.

L'auteur après avoir revu son ouvrage, a fait les *Solutions* pour la seconde édition ; mais afin qu'elles puissent aussi servir à la première, il a marqué d'une *étoile* (*) tous les problèmes qui sont ajoutés à la seconde édition.

SOLUTIONS ET RÉPONSES.

PROBLÈMES SUR L'ADDITION.

Le signe de l'addition est + qui signifie *plus*.
Le signe = signifie *égale*.

Problèmes.

26. 780+1890+50+899+2577=R.6196 fr.
27. 750,50+7849,80+19028,45=R.27628 fr. 75 c.
28. 0,45+0,55+0,60+0,80+0,95+1=R. 4fr.35c.
29. 650+25290+987+62495=R.89422.
30. 35+99,50+114+44,75+143,85=R.437,10.
31. 17+25+14+20+6+2+2=R.86 départements.
32. 3+3,50+4+5,75=R.16 fr. 25 c.
33. 1,25+1,50+150+2,10+2,10+2,10+5R.= 15 fr. 55 c.
34. 2,10+0,50+0,20+0,08=R. 2 fr. 88 c.
35. 54+197,75+197,75+252+265,60 = R. 967 fr. 10 c.
36. 627+43+58+1=R.729 moutons.
37. 0,45+0,45+0,75+1+1+1,50=R. 5 fr. 15 c.
38. 5,50+4+4,75+3,50=R. 17 fr. 75.
39. 0,50+0,60+0,95+0,50+0,90+0,07 = R. 3 fr. 50 c.
40. 20,75+27,40+35,85=R.84 fr.
41. 15,85+18+18+20,75+22,80+22,80 =R.118 fr. 20 c.
42. 4,75+4,75+4,75+6+6+7,25+10+10+12,50+25=R.91 fr.
43. 415+872+221=R.1508 soldats.
44. 1,85+1,85+1,85+0,90+0,90=R.7 fr. 35 c.

45. 45+3+18,50+3,25+2,85=R.66 fr. 60 c.

46. 50+45+60,20+65,25=R. 220 mètres 45 cent.
20+17,50+27+31,25=R.95 fr. 75 c.

47. 4+3,50+6=R.13,50.

48. 50+6+6+3+6+6=R.77 fr.

49. 2,10+2,10+2,10+2,10+2,10+2,40+3,20+3,20+3,20+3,20=R.25 fr. 70 c.

50. 33+65+99,45+9,62=R.207 mètres 07 cent.
650+800,25+1129+180,75=R.2760 fr.

51. 2,75+0,84+0,40=R.3 fr. 99 c.

52. 1+2,75+2,75+3,50+2=R.12 fr.

53. 0,75+2+2+2,50+2,75+3,25=R.13 fr. 25 c.

54. 9+7+8=R. 24 grosses.
10,25+9,75+7,70=R.27 fr. 70 c,

55. 3+3,60+2,40+2,85+0,60=R.12 fr.45 c.

56. 2,13+0,25+0,25+0,40+0,22=R.3 fr. 25 c.

57. 7+13+22=R.42 rivières.

58. 8+16,50+49,50+20+40,95+6,75=R.141 f.70.

59. 99,20+9,60+360+153,75+32,45=R. 655 fr.

60. 40+25+120+988=R.1173 kilog.
40+30,25+200+1323,50=R.1593 fr. 75 c.

61. 5+2+2,20+1,05=R.10 fr. 25 c.

62. 6,50+3+3+5+3,50+5+2+2,50=R. 30 fr. 50 c.

63. 22+16=R.38 myriagrammes.

64. 36+12+8,50=R.56 fr. 50 c.

65. 19000+5100,25+160,34+82,50=R.24343 fr. 09 c.

66. 345+204+120+415=R.1084 pierres.

67. 240+110,55+37+78,40+15+125+24,75=R. 654 fr. 70 c.

68. 13,80+0,25+0,33+0,90+0,72=R.16 fr.

69. 8+7+10+0,50=R.15,60.

70. 86+37,25+152+7,75=R.283 fr.

71. 75,40+62+45,55=R.182 fr. 95 c.

72. { 1200+1550+100=R.2850 briques.
 { 30+45,85+28,50 c.=R.104,35 c.

73. 1200+840+85+13950=R.16075 hommes.

74. 59,40+37,95+94,50=R.191 fr. 85 c.

75. 0,90+0,60+0,28+0,07=R.1 fr. 85 c.

76. 35 + 4802 + 907,40 + 99,80 + 7025,80 = R. 12870 fr.

77. 2,10+1,85+2,50+1,25+1+2=R.10 fr. 70 c.

78. { 47+36+30+9=R.122 volumes.
 { 49+33,75+27,35+6=R.116.

79. 3,50+1,50+0,80+0,05+2+035+5=R.13 fr. 20 c.

80. 1,29+0,36+0,25+0,06=R.1 fr. 96 c.

81. 261+134+94+188+485=R.1162 volumes.

82. 12,75+0,85+1+0,75+0,05+1,15+2,10+6+5,45=R.30 fr. 10 c.

83. 438+52+249+34=R.773 hommes.

84. 520+380,25+1528+90,90=R.2519 fr. 15 c.

85. 4630+900+589+1400=R.7519 fr.

86. 3+1,25+0,75+2+1,25=R.8 fr. 25 c.

87. 3+0,60+0,25+1+0,25+1,40=R. 6 fr. 50 c.

88. 24,55+31+43,30=R.98 fr. 85 c.

89. 0,30+0,25+0,50+0,75=R. 1 fr. 80 c.

90. 27+27+27+49+49+36=R.215.

91. 0,72+0,30+0,42+0,56=R.2 fr.

92. * R.72 ans et 2 mois.

93. * R. 72 ans et 11 jours.

94. * R.158 ans 9 mois 21 jours et 17 heures.

95. * R. 153 ans 2 mois 14 jours 18 heures et 18 minutes.

SYSTÈME MÉTRIQUE.

96. 5642+608+55+8=R.4295.

97. 5,2+59,25+460,505+2408,025=R.2910,780.

98. 28+520,25 + 2806,045+45058,25+520,5+ 92=R.48605,045.

99. 54600,005 + 1700,48 + 220,6 + 99 + 6 = R. 56626,085.

100. 20+60+628,9+90+45+528,9+6280,45+ 72800,027=R.80255,277.

101. 58240,045 + 10110,207 + 99900,025 = R. 168250,277.

102. 54500+60280+17005+95400,5+42009,28=R. 247194,78.

103. 80+101+80+212+400+240+62800,45=R. 63913 litres 45 centilitres.

104. 86060,005+62,8+,55+270,4+88+1 = R. 86482 grammes 555 milligrammes.

105. 1+8+420,24+9+6+40,4+800,08 = R. 1284 stères 72 centistères.

106. 60,25 + 629,045 + 62400,805 + 54,56 + 5609,005=R.68753 ares 665 milliares.

107. 6+540+,26+9+40+,4+108,01+22800,842 =R.29504 mètres 512 millimètres.

108. 110+240,25+545,05+205,005+24800,005+ 490001,4=R.515701 litres 710 millilitres.

109. { 15+12+18+9=R.54 sacs.
750,010+525,2+1108,025+580,8=R. 2964 litres 055 millilitres.

110. { 650,25+742,05+175,25=R.3142 litres 525.
225,95+296,86+822,50=R. 1545 fr. 31 c.

111. 1708,05+110+205+42,25+800,05=R. 2865 ares 550 milliares.

112. { 2204+829,005+1500,8=R.4533 ares 805 mil.
{ 225+150+50+189,85+=R 565 fr. 55 c.

113. 110+110+220+520,025+200+180,08+180,08+180,08=R. 1700 litres 265.

114. 2745,025+430,25+8900,950=R. 12076 litres 225.

115. 430+150+800,25+14,2+1706=R. 3100 stères 45 centistères.

116. { 142+201,05+75,4=R. 418 mètres 45 cent.
{ 852+1325,40+750,40=R.2927,80.

117. 1500,05+1500,05+45+1500,05+1500,05+45+17,06=R.6107 ares 26 centiares.

118. { 340,02+208+320+132,005=R. 1000 litres 025 millilitres.
{ 699,50+516,25+609,425+516,25+14,75=R. 2356 fr. 175.

Exercices sur le changement d'unité.

119. 624,19+8794,95+58,80=R. 94 centaines 5794 centièmes.

120. 74805+399,80+2879+65865,75=R.143 mille 94955 centièmes.

121. 0,3+5,25+43,324+8,28+0,9=R.5805 centim. 4 millièmes.

122. 5844,325+628,86+72,7+9=R. 655 dizaines 4885 millièmes.

123. 8+2+0,585+9+9+820,25+4560,524=R. 54098 décimes 59 millièmes.

124. 580,25+625,26+4200,054+7400,048+696,26+500+920,45=R.145 hectomètres 22 mètres 522 millimètres.

125. 112800,55+2480,650+1245,009+5125,08+29,7+8=R.12168 décalitres 8 litres 789 mil.

126. 120,25+800,55+26+6240,5=R. 71 hectares 8740 centiares.

127. 64000+5280+640,25+27000+6262,4=R. 677 kilog. 18265 centig.

128. { 6824+988=R. 78 centaines plus 12 briques.
1519+1200=R. 2 mille plu 119 tuiles.

129. { 5600,008+462800,5+1980240+978260,55= R.7021 kilog. 50905 centig.
720,80+88,55+596+198,60=R.1105 fr. 95 c.

150. 1500000+149000+45250+195017+78420,05 =R.196 myriamètres 7687 mètres 05 centim.

151. { 172500,6+144020,6+6200600+619000=R. 7156 kilog. 1212 décig.
501+598,95+185,45+1609=R.2892,50.

SOUSTRACTION.

Le signe de la soustraction est —, qui signifie *moins*.

Probl.

152. 44—11=R.55 myriamètres.

155. 68—24=R.44 années.

154. 988—652=R.556 fr.

155. 248—122=R.126 fr.

156. 243—32=R.211 kilogrames.

157. 56828—8219=R. 48109 fr.

158. 22605—14000=R.8605.

159. 22500—19022=R.3478.

140. 1830—1789=R.41 ans.

141. 1800—1428,75=R.371,25.

142. 30000—27205,40=R.2794,60.

145. { 250+42=R.292 kilogrammes.
50+8,40=58,40 ; 58,40—57,85=R.20 fr. 55 c

144. 10+6+30+12+35,25=95,25 ; 106—95,25= R.12,75.

145. {5+2,50+8+22,45=35,95 / 6+0,25+22=28,25} 35,95—28,25=R. 7,70

146. 40160+5200+6800=52160;305276—52160= R.253116.

147. 50+85+201=314;640—314=R.326.

148. 215+372+417=1054;4672—1054=R.3638.

149. 814—768=46 ans.

150. 917—731=186;647+186=R.833.

151. 4+2,50+3,95=10,45;11,25—10,45=R.0,80 c.

152. 11+9=20;31—20=R.11.

153. 17,50+31,45=48,75;74,95—48,75=R.26,20.

154. 96—47=49;49—44=R.5.

155. 68—49=19;19+15=R.34 ans.

156. 4657,35—741,25=R.3916,10.

157. 64+56=120;120—108=R.12.

158. 4,50+5,40+6=15,90;17—15,90=R.5 fr. 10 c.

159. {21+30+31+415+7+12=536 / 41,95+17,018+14,45=75,418} 536—75,418 =462,582.

160. 346,25—245,95=R.100,30,

161. 2945,25—1189,45=R.1755,80

162. 151+5+15=171;620—171=R.449.

163. 2117—1370=R.7 myriamètres 47 hectomètres.

164. 13+13=26;260—41=R.219 hectogrammes.

165. 118+256=374;450—374=R.7 myriag. 6 kilog.

166. 9032—7903=R.1129 p. le $^1/_0$.

167. 450+65=515;515—53=R.462.

168. 1170 + 1000 + 85,045 = 2255,045 ; 4500 — 2255,045=R.2244,955.

169. 38500,025—25000=R.13500,025.

170. {32000—900=R.25000 fr. / 2500—65=R.2435 ares.}

171. { 15220—9897,25=R.5322 fr. 75 c.
211050—94725,06=R. 116324 litres 94 cent. }

172. { 624050 + 59580,006 + 25000 + 2280 = R.710910,006.
1640000—710910,006=R.9290,89,994. }

173. 20 + 60 + 2,08 + 2,50 = 84,58; 90 — 84,58 = R.3,42.

174. 250 + 99,25 = 349,25 ; 628,40— 349,25 = R. 279,15.

175. { 18008,09 + 2170 + 5025,009 + 2800,17=R. 28003,269.
174508,09—28003,269=R.14650,4,821. }

176. { 27040,05+4208,025=R.31248,075.
127500—31248,075=R.9625,192,5. }

177. { 250+2025+2600,50+3250,09+65,008=R. 8190,598.
11070—8190,598=R.2,879,402. }

178. 196+49,50+70+90=405,50; 800—405,50=R.394,50.

179. { 2,05+1,0=3,05
989+0,15=1,139 } 3,05—1,139=R.1,911.

180. * R.11 ans 2 mois et 22 jours.

181. * R. 28 ans 9 mois 7 jours et 18 heures.

182. * R. 3 ans 6 mois 12 jours et 10 heures.

MULTIPLICATION.

Le signe de la multiplication est ×, qui signifie *multiplié par*.

Probl.

189. 180×6=R.1080 peaux.

190. 18×2=R.36 fr.

191. 625×18=R.11250 fr.

192. 158×320=R.238160 fr.
193. 125×12=R.1500 fr.
194. 650×120=R.78000 fr.
195. 216×600=R.129600 fr.
196. 150×102=R.15300 fr.
197. 1009×105=R.105927 fr.
198. 640,6×12=R.7687,2 fr.
199. 325×7,5=R.2437 fr. 5 c.
200. 2,15×16=R.39 fr. 20 d.
201. 17,85×4,5=R.80 fr.325 millièmes.
202. 69502,5×0,25=R.1737 fr. 5625 dix millièmes.
203. 207,505×0,45=R.93 fr. 2872 dix millièmes.
204. 509,08×15,05=R. 7661 m. 654.
205. 13,598×770=R.10470,46.
206. 0,75×0,45=R.0,3375 dix millièmes.
207. 0,05×0,02=R.0,0010 dix millièmes.
208. 140 (×12×0,20)=R.336 fr.
209. 150×0,715=R.107,25.
210. 1020,502×10,405=R.10618,5253.
211. 35×4×55,25=R.7735 fr.
212. 8×10×4,50=R. 360 fr.
213. 365×24=R.8760 heures.
214. 15×365×24=R.131400 heures.
215. 365×30=10950+4=10954×24=262896.
216. 13×12=156+6=162×30=4860+8 = 4868×
24=116832+4=116836×60=R.7010160 m.
217. 17×6×1,45=R.147 fr. 90 c.
218. $\left.\begin{cases} 6\times20=1,20 \\ 15\times3,75=56,25 \\ 18\times3=54 \end{cases}\right\}$ 1,20+56,25+54=R.111,45.
219. $\left.\begin{cases} 4\times0,35=1,40 \\ 8\times1,20=9,60 \\ 7\times1,50=10,50 \end{cases}\right\}$ 1,40+9,60+10,50=R.21,50.

220.* 140×2=280+6×2,50=15 fr.
110×2,30=253+5×15,50=77,50.
280+15+253+77,50=R.625,50.

221. * 13×16=208×29=6032×,003=R.18,096.

222. * 12,35×25=308,75; 308,75—117=R.191,75.

223.* 5000×10,05=50250
6000×4,50=32400
4000×0,42=1680
50250+32400+1680=R.84330.

224. * 405×2,50=1012,50; 2012,50+87,25+8=R. 1107 fr. 75 c.

225. * 360×24=R.8640 heures.

226.* 5000+3580,50+2495=R.11075 fr. 50 c.
3×30=90; 90+6=96 jours.
9×30=270; 270+17=287.
4×30=120.
96+287+120=503; 503×24=R.12072 heures

227. 48×1,25=60 fr.
10×3,75=37 fr. 50 c.
32×0,45=14,50
60 + 37,50 + 14,50 = R.111,90.

228. 5×5=25 fr.
4×8,50=34.
3×4=12
15×2=30; 30×0,35=10,50
25 + 34 + 12 + 10,50=R.81 f. 50 c.

229. 52,25×5=261,25; 261,25×2,85=R.744,562.

230. 25×20=500; 500×0,012=R. 6 fr.

231. 147×5,055=743,085 la $\frac{1}{2}$ = 371,5425.
371,5425×1,10=408 fr. 6967.
371,5425×0,75=278 fr. 6568.
408 fr. 6967+278 fr. 6568=R.687 fr. 3535.

232. 300×5=1500; 1500×0,07=105 fr.
25×5=125 kilos.; 125×1,80=225 fr.
105 fr.+225+15+2+102=R. 449.

233. 6×3=30; 2×40=80; 4×16=64; 10×6=60; 14×16=224; 22×3,40=74,80; 7×24=168 fr.
30+80+64+60+224+74,80+168=R.700 fr. 80 c.
6+2+4+10+14+22+7=R.65 kilogrammes.

234. 8×0,75=6. 13×1,10=14 fr. 30. 14×3,75=52,50.
8+13+14=R.35 rouleaux.
3×0,8=2 fr. 40 c. 5×1,50=7 fr.50. 6×5,25=31,50.
3+5+6=R.14 bordures.
6+14,30+52,50+2,40+7 fr. 50+31,50+17,50+7,50=R.139 fr. 20 c.

235. 45×1,50=67,50; 28,80×1,80=51,84; 68,05×4,60=313 fr. 03.
67,50+51,84+313,03=R.432 fr. 37 c.
45 m.+28,80+68,05=R.141 mètres 85 cent.

236. 12×2,85=34 fr. 20 c.; 12×3 fr. 10=37,20; 12×6=72
34 fr.20+37,20+72=R.143 fr. 40 c.

237. 25×3,50=78,50; 78,50×8 fr.=700 fr.
19×1,80=34 fr. 20 c.
15,75×30=4 fr. 725.
700+34,20+4,725=R.738 fr. 725.

238. 6×4 fr. 50=27; 0,40×6=2,40; 2,40+8=10,40
27−10,40=R.16 fr. 60 c.

239. 152×0,09=13 fr. 68; 12×4,50=54 fr.; 5×9=45 fr.
13 fr. 68 c.+54+45=R.112 fr. 68 c.

240. 45,75×5,25=240 m. 1875; 240,1875×5 fr.=1200 fr. 9375.
8×3,95=31,60; 31,60×9 fr. 50=300,20.
27,405×13 fr. 50=369 fr. 9675.
1200,9375+300,20+369,9675=R.1871,105.

241. 5×9 fr. 50 c.=28,50; 6×14,50=87 fr.; 5×30 =150.
28,50+87+150=265,50; 265,50×15= 39,825
265,50—39,825=R.225,675.

242. 15408,025×22,50=3466,8056.
15408,025×0,50 c.=7704,0125
3466,8056+62=3528,7056.
7704,0125—3528,7056=R.4175,2069.

243. 4×6=24; 24×48=1152 mouchoirs; 1152× 2 fr. 10=2419 fr. 20.
2419,20+16+8+80=R.2523 fr. 20 c.

244. 2800—1200,25=1599,75.
1200,25×0,50=600,125.
15,99,75×29 fr. 50=471,9262.
600,125+471,9262=1072,0512.
1072,0512—728,50=R.343,5512.

245. 12,4000,025×10,05=124,6200.
800,45×0,58=464,2610.
122450,8×1,25=153063,5.
124,6200+464,261+153063,5=153652,381; 153652,381—114557,50=R.39094,881.

246. 980,88×0,07=68,6616.
90+17=107 jours; 107×6,45=690,15.
68,6616+690,15+100=858,8116.
1200—858,8116=R.341,1884.

247. 10,025×0,5125=5,1328.
8,06×0,30625=2,4683.
0,325×6,8=2,21.
2,4683+5,1328+2,21=R.7,8111.

248. 90×4=360; 360×4=1440; 1440×29 décag.= 417,60.
417,60×0,30=125,28; 480—125,28=R. 354,72.

249. 8,3504×14=R.116,9056.

250. 200×1,25=250.
250—145=R.105

251. 69825×20=139650;139650×0,08=11172.
43,50×20=870.
11172+870=12042;365×27=9855.
9855+150=10005.
12042—10005=R.2037 bénéfice net.

252. 1700×5=85;1700—85=R.1615 fr.

253. 5,000×200=1000 } 50,00×3=150 } 1000+150=1150.
5000—60=4940;4940×0,50=2470 fr.
2470—1150=R.1320.

254. 12,45×3,50=43,575.
1245—43,575=R.1201,425.

255. 625×3,80=23,75;1,25×2,60=3,25;325×2 =6,50.
23,75—6,50=17,25;17,25×5=R.86 fr 25.

256. ,58,50 × 6,50= 3,8025 ; 58,50 + 3,8025 = R. 62,3025.

257. 30000×15=4500 } 1800×1,80=32400 } 32400—4500=R.27900.

258. ,45,50 × 4,75 = 2,1612 ; 45,50 — 2,1612 = R. 43,3388.

259. 1100×14=15400 hommes.
6 mois=182 jours et ½
15400 ×182,50 = 2810500;2810500 × 5 = R. 1405250 kilog.

260. 1235008 × 4 = 49,40032 ; 49,40032× 25=R. 12,3500.

261. 150×4,50=675;1500×0,45=R.675.

262. 3,28×6=19,68;328+19,68=R.347. 68

263. 3,25×15=48,75;48,75×8,50=414 fr. 375.
2,75×1,2=3,30;3,30 × 54 = 178,20;178,20 × 9 =1603,8
27×10,20=275,40.
414,375+1603,8+275,4=2293,575.
22,93,575×6=137,6145
2293,575—137,6145=R.2155, 9605.

DIVISION.

Le signe de la division est • , qui signifie *divisé par*, ainsi 8•2=4.

Nota. Lorsque après un quotient on trouvera la lettre F, elle indiquera qu'on a forcé le dernier chiffre. voyez page 5.

Probl.

270. 6000•2=3000; 18246•6=3041; 31608•9=3512; 3971•11=361; 49632•33=1504.

271. 127440•540 = 236; 518400•7200 = 72; 735243•241=3050 et 2 de reste.

272. 1734307•758=2330, reste 207; 13259192•5032=2631; 1245091•2601=478 et 1813 de reste.

273. 3416•2=1708.

274. 39300•3=13100.

275. 1680•140=12 fr.

276. 12520•335=37 fr. F.

277. 250•5=50 ouvriers.

278. 8220•6=1370 jours.

279. 9660•12=805 exemplaires.

280. 1800•3=600 fr.

281. 144×10=1440; 1440•3=480 litres

282. 275•42= 6 fr. 5.

283. 148140•12=12345.

284. 3996•12=333.

285. 25•500=0,05; 0,05×12=0,60 c.

286. 2921•365=8 ans et 1 jour.

287. 449,76•24=18 fr. 74 c.

288. 36 45•7=5,2 et 5 de reste.

289. 46,20•12=3,85 et 5 de reste.

290. 11250·0,25=45000 pièces.
291. 470·2000=0,235.
292. 350,50·15=23,37 F.
293. 300·13,75=21,81 et 1125 de reste.
294. 1524,25·3256=0,465 F.
295. 315·3,50=90 jours.
296. 1354,321·18=75,240
297. 24×365=8760; 35040·8760=4 ans.
298. 140,50·100=1,4050.
299. 48,45·8=6,05 et 108 de reste.
300. 9×12=108; 325,08·108=3,01.
301. 4,80·6=0,80 c. le kilogramme.
302. 869,20·66,5=13,07 et 445 de reste.
303. 3,24·6,48=0,50
304. 4,2·9,576=0,43 et 8232 de reste.
305. 18,675·2,5=7,47
306. 54,9540·8,52=6,45
307. 29,756·2,45=12,15 F.
308. 1,0125·0,45=2,25.
309. 0,125·0,25=0,5
310. 670,075·245=2,735.
311. 9,450·61,803=0,152 et 55944 de reste.
312. 21,778288·2,308=9,436.
313. 818,524·32,2=25,42.
314. 3,744·6=624.
315. 0,345·158,010=0,000218, reste 53820.
316. 2,4·94,62=0,0253.
317. 262800·60=4380; 4380·24=182 jours ½ ou 6 mois.
318. 62,50·210=R.0,29 c. et 160 de reste.
319. 0,84·2,4=R 0,35.
320. 0,75·0,15=R.5 fr.

540. 2544·8=318;318·52=6;6·6=R.1 douzaine.
7218·8=R.902,125.

541. 1920·6=320;320·40=R. 8 pièces, 48 en tout.

542. 2,25·15=R.0,15 c. par heure.

543. 6,95+5,25=12,20;12,20 × 2 =24,40;24,40 × 3,55=86,62;24,40 × 75 = 18,30;3,05 × 6= 18,30;18,30+18,30=36,60;8662 — 36,60= 50,02 carré de l'appartement; ,345×9=3,105 carré du papier;50,02·3,105= R.16 rouleaux et 340 de reste.

544. 1200·20=60;4250·60=70 ans et 10 mois.

545. 4527·102=R.44 fr. 39 c. F. la douzaine.

546. 120×12=1440;2880·1440=R. 2 fr.

547. 25×0,80 c.=20;6000·20=300 jours;300×3= 900;900×25=R.22500 fr.

548. 6400×0,05=320 fr.;320×365=116800;116800 ×52= 5757600;38 × 28=1064;1064×52= 54048 ; 54048 + 98450=152498 ; 5757600— 152498=5605102;5605102·38=R.94871,105 et 10 de reste.

549. 36,45×9=15,45;15,45×2=30,90;30,90×3,95 = 122,055 ; 244 fr.· 122,055 = R.1 fr. 96 le mètre carré.

550. 10×25=250;5×8=40;250·40=6 heures $\frac{1}{4}$

551. 15—11=2;1500·2=750;750·22=R.34,09.

552. 5000·10=500;500 —2000 =1500;1500·365= R.4,109.

553. 15·40=R.0,3125.

554. { 2,80·12=0,23;0,23×8=R.1 fr.85 c. F.
10,50·12=0,875;0,875×16=R.14 fr.
14+1 fr. 85=R.15 fr. 85.

555. { 42·12=3,50;3,50×5,28=18,48.
100×32=32;8×12=96;96×4,25=4,08
18,48+32+4,08=54,56.
54,56 × 6 p. %.=3,27;54 fr. 56 —3,27 = R. 51,29.

321. 0,324·36=R.0,009.

322. 8·0,002=R.4000 fr.

323. 0,44·22=R.0,02.

324. 0,0074·925=R.0,00008.

325. 0,985·8645,5=R.0,0006 F.

326. 15·2150,045=R.0,006.

327. 250·10=25 élèves ; 10 fr.×12=120 ; 120×25=R.3000 fr.

328. 320,20+34=354,20 ; 354,20·154=R.2 fr. 30 c.

329. 3420·684=R.5 vaisseaux.

330. 216·144=R.1 fr. 50 c. le canif.

331. 2248·24=R.93 fr. 67 F.

332. 210·0,05=42 ; 144·24=R.5 plumes, reste 18.

333. 3 fr.25×52=169 ; 169+210=379 ; 2500—379 = 2121 ; 2121·365=R.5 fr. 82 F.

334. 302+19,10=321,10 ; 321,10·6422=R.0,05 c.

335. 1,25×0,75=,9375 ; 9375×420=393,75 ; 393,75 ·210=R.1,870.

336.
24×8=192 ; 192+7=199 ; 199 × 60 = 11940 ;
11940+40 = 11980 ; 11980 × 60 = 718800 ;
718800+678370056=679088856.
365×24=8760 ; 8760×60 = 525600 ; 525600×
60=31536000.
679088856·31536000=R.21 ans.

337.
9,24×1,25=11 fr.55 ; 16 ×12 = 192 ; 1,92 × 3
=5 fr.76 ; 2,40×7= 16,80 ; 16 × 12 = 192 ;
1,92×2,75=5 fr.28 c.
11,55+5,76+16,80+5,28=39 fr. 39 c. ; 39,39
×6 %= 2,3634 ; 39,39—2,3634=37,9266.
77+16+20 + 16 = 129 douzaines ; 37 fr. 92
·129=R.0,30 F.

338. 1104 × 405 = 447120 ; 447120·365 = 1224,986 ; 1224,986·1320=R.928 grammes et 26 de reste.

339. 15×15=225 ; 225×12=2700 ; 2700·15 = 180 F. ; 180×2,50=R.450.

556. 45,50+13,25=5875;5875·3,25=R.17,02.
45,50·3,45=R.13,19 F.

557. 6,45+9=15,45;15,45×2=30,90;30,90×3,95 = 122,055 ; 240 · 122,055 = R.1,96 et 77220 de reste.

558. 11—4,50=6,50;12000·6,50=1846 jours.
1846·365=R.5 ans 1 mois 18 jours F.

559. 10,50×5=52,50;3×035=1,05;52,50·1,05 = R. 50 planches.

560. 88,242·210,10=0,42 c.;72,506·200,85=0,36 c. ;0,42—,36=R,0,06 c. par litre.

561. 33×0,50=16,50;22,40—16,50=5 fr. 90 c.
22·5,90=37,29 F.;37,29×55=2050,95.
2050,95·4=R.51 décalitres 274 centilitres.

562. 1890×80,50=1521,45;1012×0,15=151,80;
1521,45—151,80=1369,65;1369,65+500 =1869,65.
1890—101,20=1788,80 ; 1869,65·1788,80= R.1 fr.,07.

563. 888,025—(22×10=220)=668025;668025—102 = 566025 ; 1295,25 — 214,20 = 1081,05 ; 1081,05+450,25+80+35=1646,30;566,025 ·1646,30=R. 2 fr. 90 c., reste 48275.

564. 350+10=360;360×8=2280 dents.
21,60·2880=R.0,75 le %

565. 745+32 = 777;925,50 — 777 = 148,50;148,50 ·545,45=4,50 F.

566. 150,8×15,50=1763,80;1763,80 + 13 + 263,60 +280 = 2320,40 ; 2320,40 — 816,255 = 1504,145;1504,145·5,0775=R.296,20.

567. 27720·792=35;35 × 2 = R. 70 bouteilles de ½ litres.

568. 7999,40·216,20=R.37000 grammes.

569. 48700·1217,50=40;40 × 8 = R.320 bouteilles de ⅛

570. 208,025×3,60=748,89;748,89·1,40=R.534,92.

571. 825,50 × 8 = 6604;6604 + 66,069 = 6670,069 ;6670,069·145001,5=R.0,046, prix du décag.

572. 720×4=2880;2880+800+100=37,80;150 × 12=1800;3780·1800=R.2 fr. 10 c.

573. 6,80·0,08=R.85.

574. 13580,50 + 345,25 = 13925,75 ; 13925,75 · 1240,015=R.1124 F.

575. 1500+809,50+60=2909,50.
1,10×25=27,50;2909,50—27,50=2882 fr.
2882·365=R.7 fr. 90 c. F.

576. 14×12=168;168×14=2352.
15×12=180;2352·180=13,06.
13,06×11,50=150,19;150,19 — 13,20 = R. 136,99

577. 12×6,75 = 81;81 × 8 = 648;648·15 = 43,20; 43,20×175=75,60;75,60·2=R.37 fr. 80.

578. 15×12=180;180—5=175;175×2=350 fr.
72·12=6;175×6 = 1080;1080 +350=1430;
1430·175=R.8 fr., reste 30.

579. 511;38·5462=0,009:

580. 0,484+0,20=0,684;0,684·4560=R.15 fr. le kil.

581. * 0,58·,002=29 fr. l'hectolitre.

582. * 10,50·,042=R. 250 le millilitre.

583. * 200,06·2858=R. 7 fr. le centimètre.

584. * 510000·34000=R.15 fr. l'are.

585. * 160·300=R.0,53 c. et 100 de reste.

586. * 1,10·,020=54 fr. le kilo.

FIN DES DIVISIONS.

Divisibilité des nombres.

Probl.

387. 8 est divisible par 2 et par 4.
6 est divisible par 2 et par 3.
12 est divisible par 2, par 3, par 4 et par 6.
4 est divisible par 2.

388. 47616 est divisible par 4, par 2 et par 8.
3224 est divisible par 2, par 4 et par 8.

389. 24822 est divisible par 2 et par 6.
822 est divisible par 2 et par 6.

390. 4215 est divisible par 5 et par 3.
57431 est divisible par 9 et par 2.

391. 49563 est divisible par 9 et par 3.
72 est divisible par 9 et par 3.

392. 40 est divisible par 2, par 4, par 5, par 8 et par 10.
85 est divisible par 5.
800 est divible par 2 et par 5.

393. 336 est divisible par 2, par 4 et par 3.
63544 est divisible par 2, par 4 et par 8.

394. 400 est divisible par 2, par 4, par 5, par 8 et par 10.
848 est divisible par 2, par 4 et par 8.

395. 100252 est divisible par 2, par 4 et par 8.

396. 648 est divisible par 2, par 4 et par 6.
486256 est divisible par 2 et par 8.

397. 45 est divisible par 5 et par 9.
998109 est divisible par 9.

398. 45145 est divisible par 5.
989001 est divisible par 9.

399. 65005 est divisible par 5.
72020 est divisible par 2, par 5 et par 10.

400. 654352 est divisible par 2 et par 8.
1000360 est divisible par 2, par 5, par 4 et par 8.

Exercices sur les définitions des fractions.

Probl.

401. $6 \times 15 =$ R. $\frac{90}{15}$

402. $2 \times 8 = 16$; $16 + 7 =$ R. $\frac{23}{8}$

403. $25 \times 4 = 100$; $100 + 3 =$ R. $\frac{103}{4}$

404. $22 \cdot 2 = 11$ entiers.

405. $130 \cdot 22 =$ R. 5 entiers $+ \frac{20}{22}$ ou $\frac{10}{11}$

406. $\frac{806}{3666}$; 3666 · 806 · 442 · 364 · 78 · 52 · 26 comme diviseur.
$806 \cdot 26 = \frac{31}{}$; $3666 \cdot 26 = \frac{}{141}$ R. $\frac{31}{141}$, fraction équivalente à $\frac{806}{3666}$

407. $\frac{36}{396}$; $396 \cdot 36 = 11$ et $\frac{1}{11}$, fraction équivalente à $\frac{36}{396}$

408. 45 en 7ièmes $= \frac{315}{7}$

409. 89 réduits en tiers $= \frac{267}{3}$

410. $346 \frac{1}{2}$ réduits en $\frac{1}{2} = \frac{693}{2}$

411. 19 réduits en quarts $= \frac{76}{4}$

412. $28 \frac{3}{7}$ réduits en 7ièmes $= \frac{199}{7}$

413. $22 \cdot 15 = 1, \frac{7}{15}$; $1, \frac{7}{15} + 8 = 9 \frac{7}{15}$

414. $1089 \cdot 9 =$ R. 121 mètres.

415. $6642 \cdot 6 =$ R. 1107 entiers.

416. $15 \frac{15}{6} =$ R. $17 \frac{3}{6}$ ou $17 \frac{1}{2}$

417. $\frac{150}{240} = \frac{75}{120} = \frac{15}{24} = \frac{5}{8}$, expression la plus simple de $\frac{150}{240}$

418. $\frac{2268}{2079} = \frac{11}{12}$ à la plus simple expression.

419. $\frac{3}{4}$ et $\frac{5}{6} = \frac{18}{24}$ et $\frac{20}{24}$

420. $\frac{15}{20}$ et $\frac{12}{15} = \frac{225}{300}$ et $\frac{240}{300}$, la 2me plus forte que la 1re.

421. 9 réduits en 15ièmes $= \frac{135}{15}$

422. $18 \times 7 = 126$; $126 + 4 = \frac{130}{7}$

423. $\frac{4912}{8}$; $4912 \cdot 8 =$ R. 614 entiers.

424. $\frac{144}{260}$ et $\frac{182}{290} = \frac{41760}{75400}$ et $\frac{47320}{75400}$, la 2me plus forte que la 1re.

425. $\frac{132}{236} \cdot 2 = \frac{66}{118}$; $\frac{66}{118} \cdot 2 = \frac{33}{59}$

426. $\frac{331}{472}$, irréductible.

427. $\frac{8}{9}$ et $\frac{7}{8} = \frac{64}{72}$; la 1re est plus forte que la seconde.

428. $3 \times 12 = 36 ; 36 + 7 = \frac{43}{12}$

429. 602 réduits en 8ièmes $= \frac{4816}{8}$

430. $\frac{484}{8484}$; 8484·484·256·228·28·4 ; $484 \cdot 4 = \frac{121}{}$; $8484 \cdot 4 = \frac{}{2121}$ R. $\frac{121}{2121}$

431. $\frac{18}{16}$ et $\frac{15}{72} = \frac{1296}{6912}$ et $\frac{1446}{6912}$, donc la 2me est plus forte que la 1re.

432. $\frac{7}{4}$ et $\frac{8}{8} =$ R. $\frac{56}{32}$ et $\frac{12}{32}$

433. $1 \times 8 = 8 ; 8 + 7 =$ R. $\frac{15}{8}$

434. $136 \cdot 7 =$ R. 19 $\frac{3}{7}$

435. $3 \times 17 = 51 ; 51 + 45 = \frac{96}{17}$

436. 15 $\frac{36}{8}$ et 16 $\frac{2}{9} = \frac{156}{8}$ et $\frac{304}{19} = \frac{2064}{152}$ et $\frac{2432}{152}$ R. 15 $\frac{36}{8}$

437. 15 $\frac{3}{6}$ à réduire en 6ièmes $= \frac{93}{6}$

438. 467 réduits en 9ièmes $= \frac{4203}{9}$

439. $\frac{7340}{94232}$; 94232·7340·6152·1188·212·128·84·44·40·4 ; $7340 \cdot 4 = \frac{1835}{}$; $94232 \cdot 4 = \frac{}{23558}$, ou R. $\frac{1835}{23558}$

440. $\frac{3}{4}$ et $\frac{2}{5} = \frac{15}{20}$ et $\frac{8}{20}$; la 1re fraction est plus forte que la seconde.

441. $\frac{4558}{80024}$; 80024·4558·2538·2020·518·466·52·50·2 ; $4558 \cdot 2 = \frac{2279}{}$; $80024 \cdot 2 = \frac{}{40012}$, ou R. $\frac{2279}{40012}$

442. * $\frac{7}{8} \times 4 = \frac{28}{8} ; 28 \cdot 8 = \frac{3}{4}$ à $\frac{1}{4}$ près.

443. * $\frac{34}{150} \times 20 = \frac{680}{150} ; 680 \cdot 150 = \frac{4}{20}$, à $\frac{1}{20}$ près.

444. * $\frac{4}{15} \times 17 = \frac{68}{15} ; 68 \cdot 15 = \frac{4}{17}$, à $\frac{1}{7}$ près.

445. * $8 \frac{2}{5} = \frac{42}{5} ; \frac{42}{5} \times 6 = \frac{252}{5} ; 252 \cdot 5 = \frac{50}{6}$, à $\frac{1}{6}$ près.

Addition des fractions.

Probl.

446. $\frac{3}{4}$ $\frac{5}{6}$ $\frac{6}{8}$; $\frac{144}{192}$ +, $\frac{160}{192}$ +, $\frac{144}{192}$ = R. $\frac{5}{6}$

447. $\frac{8}{9}$ $\frac{2}{3}$ $\frac{6}{16}$ $\frac{4}{9}$; $\frac{3456}{3089}$ +, $\frac{2362}{3888}$ +, $\frac{1458}{3888}$ +, $\frac{1728}{3888}$ = R. $\frac{8}{9}$

448. 2, $\frac{3}{4}$, 4 $\frac{5}{6}$, 10 $\frac{5}{8}$; $\frac{11}{4}$, $\frac{29}{6}$, $\frac{85}{8}$ = $\frac{528}{192}$, $\frac{928}{192}$, $\frac{2040}{192}$

449. 4 $\frac{5}{6}$, $\frac{3}{18}$, $\frac{4}{15}$ = R. $\frac{7830}{1620}$, $\frac{270}{1620}$, $\frac{432}{1620}$

450. $\frac{60}{125}$, $\frac{40}{80}$, $\frac{30}{120}$; $\frac{576000}{1200000}$ +, $\frac{600000}{1200000}$ +, $\frac{300000}{1200000}$ = R. $\frac{40}{80}$ ou $\frac{1}{2}$

451. $\frac{1}{2}$, $\frac{3}{8}$, $\frac{6}{15}$, $\frac{9}{18}$, $\frac{47}{63}$; $\frac{136080}{272160}$ +, $\frac{102060}{272160}$ +, $\frac{108864}{272160}$ +, $\frac{136080}{272160}$ +, $\frac{203040}{272160}$ = R. $\frac{47}{63}$

452. $\frac{25}{30}$, $\frac{23}{32}$, $\frac{27}{35}$ = R. $\frac{2800}{33600}$, $\frac{24150}{33600}$, $\frac{25920}{33600}$

453. $\frac{3}{8}$, $\frac{8}{9}$ $\frac{15}{20}$; $\frac{540}{720}$ +, $\frac{640}{720}$ +, $\frac{540}{720}$ = $\frac{1720}{720}$; $1720 \cdot 720$ = 2, $\frac{280}{720}$ ou $\frac{7}{18}$ R. 2 $\frac{7}{18}$

454. 2 $\frac{3}{8}$, 4 $\frac{5}{6}$, $\frac{17}{15}$; $\frac{270}{720}$ + $\frac{600}{720}$ + $\frac{816}{720}$ = $\frac{1686}{720}$; $1686 \cdot 720$ = 2 $\frac{246}{720}$ ou $\frac{41}{120}$; 2 + 4 + 2 $\frac{41}{120}$ = R. 8 $\frac{41}{120}$

455. 5 $\frac{2}{3}$, 6 $\frac{1}{15}$, 5 $\frac{8}{9}$, 6 $\frac{6}{8}$; $\frac{4860}{7290}$ + $\frac{486}{7290}$ + $\frac{6480}{7290}$ + $\frac{2430}{7290}$ = $\frac{14256}{7290}$; $14256 \cdot 7290$ = 1 $\frac{6966}{7290}$ ou $\frac{43}{45}$; 5 + 6 + 5 + 6 + 1 $\frac{43}{45}$ R. 25 $\frac{43}{45}$

456. $\frac{3}{4}$, 1 $\frac{3}{5}$, $\frac{7}{15}$; $\frac{225}{300}$ + $\frac{180}{300}$ + $\frac{140}{300}$ = $\frac{545}{300}$; $545 \cdot 500$ = 1 $\frac{245}{300}$ ou $\frac{49}{60}$; 1 + 1 $\frac{49}{60}$ = R. 2 $\frac{49}{60}$

457. 2 $\frac{8}{15}$, 17 $\frac{2}{18}$; $\frac{144}{270}$, $\frac{30}{270}$ = $\frac{174}{270}$ ou $\frac{29}{45}$; 2 + 17 + $\frac{29}{45}$ = R. 19 $\frac{29}{45}$

458. 50 $\frac{5}{8}$, 25 $\frac{2}{3}$, 18 $\frac{8}{15}$; $\frac{225}{360}$ + $\frac{240}{360}$ + $\frac{192}{360}$ = $\frac{657}{360}$; $657 \cdot 560$ = 2 $\frac{57}{300}$ ou $\frac{19}{100}$; 50 + 25 + 18 + 2 $\frac{19}{100}$ = R. 75 $\frac{19}{100}$

459. 5 $\frac{2}{3}$, 2 $\frac{3}{4}$, 4 $\frac{16}{18}$, 1 $\frac{24}{25}$; $\frac{3600}{5400}$ + $\frac{4550}{5400}$ + $\frac{4800}{5400}$ + $\frac{5184}{5400}$ = $\frac{17634}{5400}$; $17634 \cdot 5400$ = 5 $\frac{1434}{5400}$ ou $\frac{239}{900}$; 5 + 2 + 4 + 1 + 5 $\frac{239}{900}$ = R. 15 $\frac{239}{900}$

460. $\frac{102}{105}$, $\frac{1}{300}$, $\frac{45}{9}$; $\frac{275400}{283500}$ + $\frac{945}{283500}$ + $\frac{1417500}{283500}$ = $\frac{1693845}{283500}$; $1695845 \cdot 285500$ = 5 $\frac{276345}{283500}$ ou $\frac{2047}{2100}$ R. 5 $\frac{2047}{2100}$

461. $45\frac{2}{3}$, $82\frac{7}{8}$; $\frac{16}{24}+\frac{21}{24}=\frac{37}{24}$; $37\cdot24=1\frac{13}{24}$; $45+82+1\frac{13}{24}=128\frac{13}{24}$

462. 17, $12\frac{15}{18}$, $12\frac{13}{24}$, $\frac{5}{8}$; $\frac{2880}{3456}+\frac{1872}{3456}+\frac{2160}{3456}=\frac{6912}{3456}$; $6912\cdot3456=2$; $17+12+12+2=$ R. 43.

463. $4\frac{1}{2}$, $8\frac{1}{2}$, $2\frac{3}{4}$; $\frac{8}{16}+\frac{8}{16}+\frac{12}{16}=\frac{28}{16}$; $28\cdot16=1\frac{12}{16}$ ou $\frac{3}{4}$; $4+8+2+1\frac{3}{4}=$ R. $15\frac{3}{4}$

464. $15\frac{3}{4}$, $12\frac{1}{8}$; $\frac{24}{32}+\frac{4}{32}=\frac{48}{32}$ ou $\frac{7}{8}$; $15+12+\frac{7}{8}=27\frac{7}{8}$

465. $\frac{3}{7}$, $\frac{4}{8}$, $\frac{7}{8}$; $\frac{192}{448}+\frac{224}{448}+\frac{392}{448}=\frac{808}{448}$; $808\cdot448=1\frac{360}{448}$ ou $\frac{90}{112}$ ou $\frac{45}{56}$ R. $1\frac{45}{56}$

466. $\frac{2}{4}\ \frac{5}{6}\ \frac{7}{8}\ \frac{4}{9}$; $\frac{1296}{1728}+\frac{1440}{1728}+\frac{1512}{1728}+\frac{768}{1728}=\frac{5016}{1728}$; $5016\cdot1728=2\frac{1560}{1728}$ ou $\frac{65}{72}$ R. $2\frac{65}{72}$

467. $2\frac{7}{8}$, $1\frac{15}{12}$, $6\frac{1}{19}$; $\frac{1596}{1824}+\frac{2280}{1824}+\frac{96}{1824}=\frac{3972}{1824}$; $3972\cdot1824=2\frac{324}{1824}$ ou $\frac{27}{152}$; $2+1+6+2\frac{27}{152}=$ R. $11\frac{27}{152}$

468. $\frac{5}{8}\ \frac{15}{16}\ \frac{13}{14}$; $\frac{1120}{1792}+\frac{1680}{1792}+\frac{1664}{1792}=\frac{4464}{1792}$; $4464\cdot1792=2\frac{55}{112}$; $5+2+2\frac{55}{112}=$ R. $7\frac{55}{112}$

469. $\frac{1}{2}\ \frac{3}{4}\ \frac{7}{8}$; $\frac{32}{64}\ \frac{48}{64}\ \frac{56}{64}=\frac{136}{64}$; $136\cdot64=2$ hecto $\frac{1}{8}$ $5+2+1+2\frac{1}{8}$ ou $225=$ R. 81 décalitres 25 décilitres.

470. $\frac{1}{2}\ \frac{2}{3}\ \frac{3}{4}$; $\frac{12}{24}+\frac{16}{24}+\frac{18}{24}=\frac{46}{24}$; $46\cdot24=1$ kilog. $\frac{11}{12}$ ou 0 k. 916 gr. $7+6+5+1$ kilog. 916 grammes $=$ R. 1991 décag. 6 grammes.

471. $\frac{2}{3}\ \frac{4}{9}\ \frac{15}{18}$; $\frac{324}{486}+\frac{216}{486}+\frac{405}{486}=\frac{945}{486}$; $986\cdot486=1\frac{459}{486}$ ou $\frac{17}{18}$ ou 944 millimètres $9+16+15+1$ mètres $944=$ R. 7 décamètres 1944 millimètres.

472. $\frac{2}{3}\ \frac{1}{2}\ \frac{7}{8}$; $\frac{32}{48}\ \frac{24}{48}$, $\frac{42}{48}=\frac{98}{48}$; $98\cdot48=2\frac{2}{48}$ ou $\frac{1}{24}$ ou 455 grammes $6+15+2+2,455=$ R. 2545 décagrammes 5 grammes.

473. $220+60\frac{2}{3}+12\frac{6}{75}$ ou $12,50=$ R. 270 décaares.

151

Soustraction des fractions.

Probl.

478. $\frac{6}{5} - \frac{2}{5} = \frac{4}{5}$

479. $\frac{6}{5}\ \frac{3}{4}$; $\frac{24}{20} - \frac{15}{20} =$ R. $\frac{9}{20}$

480. $\frac{4}{8}\ \frac{4}{9}$; $\frac{36}{72} - \frac{32}{72} = \frac{4}{72}$ ou $\frac{1}{18}$

481. $\frac{15}{16}\ \frac{14}{28}$; $\frac{420}{448}\ \frac{224}{448} = \frac{196}{448}$ ou $\frac{49}{112}$

482. $5\ \frac{1}{3}\ \frac{20}{21} = \frac{16}{3}\ \frac{20}{21} = \frac{336}{63}\ \frac{60}{63}$; $\frac{336}{63} - \frac{60}{63} = \frac{276}{63}$; 276 ·63 = $4\ \frac{24}{63}$

483. $16\ \frac{15}{19} = \frac{16}{1}\ \frac{15}{19} = \frac{304}{19}$ et $\frac{15}{19}$; $\frac{304}{19} - \frac{15}{19} = \frac{289}{19}$ ou $15\ \frac{4}{19}$

484. $\frac{15}{22}\ \frac{21}{23}$; $\frac{345}{506} - \frac{462}{506} = \frac{117}{506}$

485. $1 - \frac{4}{5} =$ R. $\frac{1}{5}$

486. $4\ \frac{45}{46}\ \frac{16}{18} = \frac{229}{46}\ \frac{16}{18} = \frac{4122}{828}\ \frac{736}{828}$; $\frac{4122}{828} - \frac{736}{828} = \frac{3386}{828}$; 3386·828 = $4\ \frac{74}{828}$ ou $\frac{37}{414}$

487. $8\ \frac{2}{3}\ 6\ \frac{19}{20} = \frac{26}{3}\ \frac{139}{20} = \frac{520}{60}\ \frac{417}{60}$; $\frac{520}{60} - \frac{417}{60} = \frac{103}{60}$; 103·60 = $1\ \frac{43}{60}$

488. $45\ \frac{3}{8}\ 17\ \frac{4}{9} = \frac{363}{8}\ \frac{157}{9} = \frac{3267}{72}\ \frac{1256}{72}$; $\frac{3267}{72} - \frac{1256}{72} = \frac{2011}{72}$; 2011·72 = $27\ \frac{67}{72}$

489. $5\ \frac{8}{9}$, $1\ \frac{1}{3} = \frac{53}{9}\ \frac{4}{3} = \frac{159}{27}$ et $\frac{36}{27}$; $\frac{159}{27} - \frac{36}{27} = \frac{123}{27}$; 123·27 = $4\ \frac{15}{27}$

490. $19\ \frac{2}{3}\ 12\ \frac{15}{19} = \frac{59}{3}\ \frac{243}{19} = \frac{1121}{57}$ et $\frac{729}{57}$; $\frac{1121}{57} - \frac{729}{57} = \frac{392}{57}$; 392·57 = $6\ \frac{50}{57}$

491. 63,43 $\frac{7}{8} = \frac{63}{1}\ \frac{351}{8} = \frac{504}{8}\ \frac{351}{8}$; $\frac{504}{8} - \frac{351}{8} = \frac{153}{8}$; 153·8 = $19\ \frac{1}{8}$

492. $150\ \frac{3}{4}\ 82\ \frac{2}{3} = \frac{603}{4}\ \frac{248}{3} = \frac{1809}{12}\ \frac{992}{12}$; $\frac{1809}{12} - \frac{992}{12} = \frac{817}{12}$; 817·12 = 680 décilitres.

493. $35\ \frac{5}{6}\ 17\ \frac{9}{5} = \frac{215}{6}\ \frac{94}{5} = \frac{1075}{30}\ \frac{564}{30}$; $\frac{1075}{30} - \frac{564}{30}$; 511 ·30 = 1705 centimètres.

494. $1\ \frac{4}{8}\ \frac{5}{7} = \frac{12}{8}\ \frac{5}{7} = \frac{84}{56}\ \frac{40}{56}$; $\frac{84}{56} - \frac{40}{56} = \frac{44}{56}$; 44·56 = R. 78 centilitres.

493. $5\frac{1}{2}\ 2\frac{3}{4} = \frac{11}{2}\ \frac{11}{4} = \frac{44}{8}\ \frac{22}{8}$; $\frac{44}{8} - \frac{22}{8} = \frac{22}{8}$; $22 \cdot 8 =$
R. 27 hectogrammes.

496. $48\frac{7}{8}\ 45\frac{3}{7} = \frac{391}{8}\ \frac{318}{7} = \frac{2737}{56}\ \frac{2544}{56}$; $\frac{2737}{56} - \frac{2544}{56} =$
$\frac{193}{56}$; $193 \cdot 56 =$ R.3446.

Multiplication des fractions.

Probl.

500. $\frac{2}{3} \times \frac{3}{4} = \frac{6}{12}$ ou $\frac{1}{2}$

501. $\frac{15}{18} \times \frac{47}{50} = \frac{705}{900}$ ou $\frac{47}{60}$

502. $2 \times \frac{5}{6}$; $\frac{2}{1} \times \frac{5}{6} = \frac{10}{6}$; $10 \cdot 6 = 1\frac{4}{6}$ ou $\frac{2}{3}$

503. $19 \times \frac{14}{15}$; $\frac{19}{1} \times \frac{14}{15} = \frac{266}{15}$; $266 \cdot 15 = 17\frac{11}{15}$

504. $\frac{4}{7} \times 4$; $\frac{4}{7} \times \frac{4}{1} = \frac{16}{7}$; $16 \cdot 7 = 2\frac{2}{7}$

505. $\frac{15}{24} \times 150$; $\frac{15}{24} \times \frac{150}{1} = \frac{2250}{24}$; $2250 \cdot 24 = 93\frac{18}{24}$
ou $\frac{3}{4}$

506. $7\frac{3}{4} \times \frac{6}{12}$; $\frac{31}{4} \times \frac{6}{12} = \frac{186}{48}$; $186 \cdot 48 = 3\frac{42}{48}$ ou $\frac{7}{8}$

507. $102\frac{15}{18} \times \frac{14}{15}$; $\frac{1851}{18} \times \frac{14}{15} = \frac{25914}{170}$; $25914 \cdot 170 =$
$152\frac{74}{170}$ ou $\frac{37}{85}$

508. $\frac{5}{6} \times 4\frac{7}{8}$; $\frac{5}{6} \times \frac{39}{8} = \frac{195}{8}$; $195 \cdot 8 = 24\frac{3}{8}$

509. $\frac{14}{17} \times 102\frac{15}{19}$; $\frac{14}{17} \times \frac{1953}{19} = \frac{27342}{323}$; $27342 \cdot 323 =$
$84\frac{210}{323}$

510. $2\frac{7}{8} \times 6\frac{3}{4}$; $\frac{23}{8} \times \frac{27}{4} = \frac{621}{32}$; $621 \cdot 32 = 19\frac{13}{32}$

511. $54\frac{24}{45} \times 69\frac{17}{56}$; $\frac{4554}{45} \times \frac{3881}{56} = \frac{17674074}{2520}$; 17674074
$\cdot 2520 = 7013\frac{73}{140}$

512. $\frac{6}{8} \times \frac{4}{9} = \frac{24}{72}$ ou $\frac{1}{3}$

513. $\frac{3}{4} \times \frac{5}{6} \times \frac{7}{8} = \frac{105}{192}$ ou $\frac{35}{64}$

514. $\frac{7}{8} \times \frac{2}{3} \times \frac{15}{1} = \frac{210}{24}$ ou $\frac{70}{8}$ ou $\frac{35}{4}$ ou 8 entiers $\frac{3}{4}$

515. $\frac{3}{4} \times \frac{2}{3} = \frac{6}{12}$ ou $\frac{1}{2}$

516. $\frac{5}{6} \times 2$; $\frac{5}{6} \times \frac{2}{1} = \frac{10}{6}$; $10 \cdot 6 = 1\frac{4}{6}$ ou $\frac{2}{3}$

517. $\frac{14}{15} \times 17$; $\frac{14}{15} \times \frac{17}{1} = \frac{238}{15}$; $238 \cdot 15 = 15\frac{13}{15}$

318. $5\frac{3}{4} \times 2$; $\frac{23}{4} \times \frac{2}{1} = \frac{46}{4}$; $46 \cdot 4 = 11\frac{2}{4}$ ou $\frac{1}{2}$
319. $6\frac{2}{3}$ $1\frac{1}{2}$; $\frac{20}{3} \times \frac{3}{2} = \frac{60}{6}$ ou $\frac{10}{1}$ ou 10 fr.
320. $40\frac{4}{5}$, $\frac{3}{4}$ ou 75 c. ; $\frac{204}{5} \times \frac{3}{4} = \frac{612}{20}$; $612 \cdot 20 = 30\frac{12}{20}$ ou $\frac{3}{5}$
321. $15\frac{3}{6} \times \frac{13}{16}$; $\frac{93}{6} \times \frac{13}{16} = \frac{1209}{96}$; $1209 \cdot 96 = 12\frac{57}{96}$
322. $12\frac{5}{8} \times 6\frac{3}{4}$; $\frac{101}{8} \times \frac{27}{4} = \frac{2727}{32}$; $2727 \cdot 32 = 85$ mètres $\frac{7}{32}$
323. $6 \times 4 = 10$; $\frac{9}{10} = 9$ kilog., et on aura 900 décagrammes ; 90 hectogrammes $\times$ 1,50 = R. 135.
324. $27\frac{5}{6} \times 3$; $\frac{167}{6} \times \frac{3}{1} = \frac{501}{6}$; $501 \cdot 6 = 83\frac{3}{6}$ ou $\frac{1}{2}$
325. $3\frac{1}{3} \times 15\frac{3}{4}$; $\frac{10}{3} \times \frac{63}{4} = \frac{630}{12}$; $630 \cdot 12 = 52\frac{6}{12}$ ou $\frac{1}{2}$
326. $34\frac{3}{5} \times 3\frac{1}{4}$; $\frac{173}{5} \times \frac{13}{4} = \frac{2249}{20}$; $2249 \cdot 20 = 112\frac{9}{20}$; 34 décalitres $\frac{3}{5}$ égalent R. 346 litres.

Division des fractions.

Probl.
329. $\frac{1}{2}$ par $\frac{5}{6}$; $\frac{1}{2} \times \frac{6}{5} = \frac{6}{10}$ ou $\frac{3}{5}$
330. $\frac{17}{25}$ par $\frac{15}{42}$; $\frac{17}{25} \times \frac{42}{15} = \frac{714}{375}$; $714 \cdot 375 = 1\frac{339}{375}$ ou $\frac{113}{125}$
331. 4 par $\frac{4}{8}$; $\frac{4}{1} \times \frac{8}{4} = \frac{32}{4}$; $32 \cdot 4 =$ R. 8
332. 17 par $\frac{24}{60}$; $\frac{17}{1} \times \frac{60}{24} = \frac{1020}{24}$; $1020 \cdot 24 = 42\frac{12}{24}$ ou $\frac{1}{2}$
333. $\frac{5}{6}$ par 8 ; $\frac{5}{6} \times \frac{1}{8} = \frac{5}{48}$
334. $\frac{12}{30}$ par 200 ; $\frac{12}{30} \times \frac{1}{200} = \frac{12}{10000}$
335. $2\frac{2}{8}$ par $\frac{6}{15}$; $\frac{18}{8} \times \frac{15}{6} = \frac{270}{48}$; $270 \cdot 48 = 5\frac{30}{48}$ ou $\frac{15}{24}$

336. 140 par $\frac{67}{80}$; $\frac{140}{1} \times \frac{80}{67} = \frac{11200}{67}$; 11200 · 67 = 167 $\frac{11}{67}$

337. $\frac{7}{8}$ par 3 $\frac{4}{9}$; $\frac{7}{8} \times \frac{9}{31} = \frac{63}{248}$

338. $\frac{18}{25}$ par 402 $\frac{16}{19}$; $\frac{18}{25} \times \frac{19}{7654} = \frac{342}{191350}$ ou $\frac{171}{95675}$

339. 9 $\frac{3}{4}$ par 8 $\frac{2}{3}$; $\frac{39}{4} \times \frac{3}{26} = \frac{117}{104}$; 117·104 = 1 $\frac{13}{104}$

340. 28 $\frac{65}{4}$ par 83 $\frac{17}{56}$; $\frac{177}{4} \times \frac{56}{4665} = \frac{9912}{18660}$ ou $\frac{826}{1555}$

341. 42 par $\frac{6}{8}$; $\frac{42}{1} \times \frac{8}{6} = \frac{336}{6}$; 336·6 = 56 entiers.

342. 18 $\frac{3}{4}$ par 4 ; $\frac{75}{4} \times \frac{1}{4} = \frac{75}{16}$; 75·16 = 4 $\frac{11}{16}$

343. 14 $\frac{7}{9}$ par 9 $\frac{5}{6}$; $\frac{133}{9} \times \frac{6}{59} = \frac{798}{531}$; 798·531 = 1 $\frac{89}{177}$

344. 931 $\frac{4}{7}$ par 74 ; $\frac{6521}{7} \times \frac{1}{74} = \frac{6521}{518}$; 6521·518 = 18 $\frac{305}{518}$

345. 114 par 4 $\frac{3}{4}$; $\frac{114}{1} \times \frac{4}{19} = \frac{456}{19}$; 456·19 = 24 ; 24 ·12 = 2 fr.

346. 4 $\frac{4}{15}$ par 3 ; $\frac{64}{15} \times \frac{1}{3} = \frac{64}{45}$; 64·45 = 1 $\frac{19}{45}$

347. 1630 $\frac{3}{5}$ par 13 $\frac{1}{2}$; $\frac{8153}{5} \times \frac{2}{27} = \frac{16306}{135}$; 16306·135 = 120 $\frac{106}{135}$

348. 16 par $\frac{5}{4}$; $\frac{16}{1} \times \frac{4}{5} = \frac{64}{5}$; 64·5 = 12 $\frac{4}{5}$

349. 13 $\frac{1}{5}$ par $\frac{4}{9}$; $\frac{66}{5} \times \frac{9}{4} = \frac{594}{20}$; 594·20 = 29 $\frac{14}{20}$ ou $\frac{7}{10}$

350. 4 $\frac{1}{3}$ par $\frac{4}{6}$; $\frac{13}{3} \times \frac{6}{4} = \frac{72}{12}$; 72·12 = 6 $\frac{6}{12}$ ou $\frac{1}{2}$

351. 22,50·15,75 = 1,43 F. pour le kilo et 0,143 l'hecto.

352. 22 $\frac{1}{3}$ × 10 = 223,30 ; 223,30 — 100 = 123,30 ; 123,30 ·10 = 12 $\frac{1}{3}$; 12 $\frac{1}{3}$ · 3 $\frac{5}{6}$ = $\frac{222}{69}$; 222·69 = 3 $\frac{15}{69}$

353. 147,50 + 6,33 = 153,83 ; 153 $\frac{83}{100}$ · 6 $\frac{3}{4}$ = $\frac{61532}{2700}$; 61532·2700 = 22 $\frac{1232}{2700}$ ou $\frac{308}{675}$; 22,50 · 12 = 1 fr. 88 F.

354. 63 $\frac{11}{12}$ par 27 $\frac{5}{9}$; $\frac{767}{12} \times \frac{9}{248} = \frac{6903}{2976}$; 6903·2976 = 2 $\frac{317}{992}$

355. 220,75·3466 = 63 fr. 40.

356. 110,55·45840 = 0,0024

357. { 4560 $\frac{8}{9}$ ·3 = 1520 $\frac{8}{27}$ ou 1520296 décilitres.
{ 456,088 × 640,23 = 292010,342.

Conversion des fractions ordinaires e fractions décimales.

Probl.

558. $\frac{12}{18}$; 12·18=0,666.
559. $\frac{5}{9}$;5·9=0,555.
560. $\frac{12}{46}$;12·46=0,260.
561. $\frac{46}{52}$;46·52=0,8846.
562. 0,60 $\frac{6}{8}$ = $\frac{606}{800}$; 606·800=0,7575.
563. $\frac{24}{32}$;24·52=0,15.
564. 0,05 $\frac{48}{64}$ = $\frac{548}{6400}$;548·6400=0856.
565. $\frac{2}{9}$;2·9=0,222.
566. $\frac{7}{8}$;7·8=0,875.
567. $\frac{14}{15}$;14·15=0,9555.
568. $\frac{486}{1719}$;486·1719=0,282.
569. $\frac{145}{285}$;145·285=0,5088.
570. $\frac{14}{16}$;14·16=0,875.
571. $\frac{96}{128}$; 96·128=0,075000.
572. 0,75 $\frac{42}{828}$;42·828=0,05;05+75=80.
575. $\frac{5}{8}$;5·8=0,625.

Conversion des fractions décimales en fractions ordinaires.

Probl.

574. 0,50=$\frac{50}{100}$ ou $\frac{1}{2}$
575. 0,05=$\frac{3}{100}$
576. 0,0025=$\frac{25}{10000}$
577. 0,402=$\frac{402}{1000}$

578. $0{,}40 = \frac{40}{100}$ ou $\frac{10}{25}$
579. $0{,}0002 = \frac{2}{10000}$
580. $0{,}468 = \frac{468}{1000}$ ou $\frac{117}{250}$
581. $0{,}4519 = \frac{4519}{10000}$
582. $0{,}015 = \frac{15}{1000}$ ou $\frac{3}{200}$
583. $0{,}000042 = \frac{42}{1000000}$ ou $\frac{21}{500000}$
584. $\frac{8}{10} \times 3 = \frac{24}{10}$; $24 \cdot 10 = \frac{2}{3}$ à peu de chose près.
585. $\frac{60}{100} \times 8 = \frac{480}{100}$; $480 \cdot 100 = \frac{4}{8}$ à $\frac{1}{8}$ près.
586. $\frac{850}{1000} \times 4 = \frac{3400}{1000}$; $3400 \cdot 1000 = \frac{3}{4}$ à $\frac{1}{4}$ près.
587. $\frac{4582}{10000} \times 12 = \frac{54984}{10000}$; $54984 \cdot 10000 = \frac{5}{12}$ à $\frac{1}{12}$ près.

Solutions des problèmes sur la récapitulation des quatre premières règles.

Probl.

588. 250008+233000,8+150000,25+435270,005 = R. 106827 décalitres 9 litres 055 millilitres.

589. 17+4200,25+30500,025+174,008+18000,28 = R. 5289 décamètres 1 mètre 563 millimètres.

590. 14400,25+13,05+805+3583,02+8809,07 = 276 hectares 10 ares 39 centiares.

591. 2800,60+290+34302,50+28475 = 85868 stères 10 centistères

592. 1400000,025+218200,050+5780,8 = R. 362198 décagrammes 875 milligrammes.

593. 5450,25+31805+5928,08 = R. 1918555 mètres carrés.

594. 1908,5+4190,5+4525+225 = R. 10848 mètres cubes 8 centaines de décimètres cubes.

595. 64009+12470,005+57804,5=134283 centimètres cubes et 505 millimètres cubes.

596. * 2407,08×100=240708 mètres carrés.

597. * 50005×100=500 hectomètres carrés 05 décimètres carrés.

598. * 1506·100=15,06 ou 150 déciares.

599. * 829·100=8 ares 29 déciares.

600. * 21000·100=210;210·100=2 décaares.

601. 14000,025+9845+2250=26905 grammes ou 26 litres 95 millilitres.

602. 1200,05+120,045+210=1530 décimètres cubes et 95 centimètres cubes.

603. 25,037+87,020=112,057;112,057—13=99 kilog. 057 grammes.

604. 1200+890+1715=3805;3805×5=19025 centimètres cubes d'eau pure.

605. 17,50+22,50+42,75+15,25=98;98×5=490 grammes.

606. 750+28,50+1500,5+78,58=2357 fr. 58

607. 0,75+13,50+0,35+2+1,40+0,80=18 fr. 80.

608. 15500+88005+101505=20501.

609. 142,25+(142,25—17)+47,20=314,70.

610. * 30×10=300 mètres cubes ; 300×1000=300,000 décimètres cubes.

611. * 420,000,025=420 kilolitres et 25 millilitres.

612. * 800 décimètres cubes= 800 litres.

613. * 150 décagrammes d'eau = 1 décimètre cube et 5 centimètres cubes.

614. * 25,8 décilitres d'eau = 25 kilogrammes 8 hectogrammes.

615. { 12+36+72=120 montres.
540+1750,50+5408+180+600+500,50=8729.

616. 400+87+350+58=895 bennes.
22+2=24 pour le premier ; 17+5=20 pour le second.

617. 1815 + 60,05 + 6000 = 78 hectares 75 ares 05 centiares.
900+1900+5640=6440,50.

618. 1900+580+900+850,40+600=4850,40.

619. 160015+50000,25+52800,015+68240,28=341 kilog. 055 grammes 575 millig.

620. 60+17+56=115.
1550,25+450,45+560=2160 fr. 70 c.

621. * 1100 kilog. = 1 mètre cube et 100 décimètres cubes.

622. * 82×57=4674 litres ; 4674 litres= 4674 kilog.

623. * 44005 grammes = 44 litres 5 millilitres.

624. * 15 hectolitres 5 litres d'eau = 150 myriag. et 5 kilog.

625. * 10×20=200 fr. ; 10 × 6 grammes 458 = 64 grammes 58 centig.

626. * 100×5=500 fr. ; 100×25 grammes = 2 kilog. 5 hectog.

627. 680 + 17,15 + 15 + 150,0805 = 862 hectolitres 2505 centilitres.

628. 15+25+580025 =78 k. 25 décamètres ; 5,75 + 2,80+5=11,75.

629. 200,025+200,025+200,025+110,50+520,08+ 520,08+205+150,015+150,015+150,015= 2585,87.

659. 102,5+55,2+200+17,005=55 décamètres 4 mètres 705 millimètres.
925,15+125,15+527+27,40=1405 fr. 50

651. 8000,50+627,005+980=96 hectolitres 7 litres 505 millilitres.

632. 85,07+45,005+142,5=272 mètres 575 millimètres.
24+10+35=69 jours.
5+4+7=14 ouvriers.

633. 6000+12,50+48+5,85+9+3,05=6078,40

634. * 1687,442—20=1667,442·6,438=259.

635. * 40×10 grammes = 4 hectogrammes.

636. *40×2,50=100 grammes.

637. * 15000×5 grammes=75 kilog.

638. 8200,6+30,005+1002,5=9233 ares 105 milliares ou 923310 mètres carrés et 5 décimètres carrés.

639. 0,75+0,80+1+0,60+2= 5,15;7,50 — 5,15= 2 fr. 35.

640. 53,07+55,09+47,05=105,21;105,21—57,05= 47,56.

641. 42+9=51;22,50+18,80=41,30
51—41,30=9,70.

642. 5,06+4,87+4,05=13,98;30—13,98=R.16,02.

643. 8,05+7,80=15,85;15,85—12=R.3,85.

644. 5,25×3=9,75;525—9,75 = 515,25;100,25+87 =187,25;515,25—187,25=128 fr.

645. 380+150,005+25,05=555,055.
700,05 — 555,055 = 14 décalitres 6 litres 995 millilitres.
146 litres 995 pèsent 146 kilog. 995 litres.

646. 1170+572+118+81=1941;1941 ×6,50 p. % =126,165;1941—126,165=1814,835.

647. 540000,025 + 17000 = 557000,025 ; 950015 — 557000,025=393014 litres 975 millilitres ou 393014 décimètres 975 centimètres cubes.

648. 42700,025×2,45=104 fr. 615.

649. ,800,025×2,85 le kilo =2 fr. 25 F.

650. 15,25×10 = 152 décimes et 5 centimes ;15,25× 100 =1525 centimes 15,25 × 1000 = 15250 millièmes.

631. 210,007×0,45=94 fr. 50.

632. 560·12=30;30×060=18 fr.

633. 17+12=204;204+4=208.
565×17=6205;6205+120+8=6333 jours.
6333×24=151992;151992+6=151998 heures
151998 × 60 = 9119880 ; 9119880 × 60 = 547192800 secondes.

634. 565—(60+8)=305;305×3=915 paires.
915×18,50=16927,50;915 × 9,50 = 8692,50 ;915×7 = 6405;6405 + 8692,50 = 15097 ;
16927,50—15097=1830.

635. 208,025 × 0,55 = 114,415; 114,415 — 87,75 = 26,67 F.

636. 23,55 × 15,50=344,925;344,925 ×5 ½ p. °/₀ = 12,072;344,925 — 12,072 = 332,853; 29,5 × 2,80 = 82,60 ; 82,60 × 3 ½ = 2,891 ;82,60 — 2,891 = 79,709;332,853 — 79,709 = 253 fr. 144 qu'il redoit.

637. 4599×0,18=827,82;15,10×27=407,70;407,70 +42=449,70;827,82—449,70= R.378,12.

638. 14×15=210;210×14 = 2940;2940·15 = 196; 196×150=294;294·2=147 pour l'ouvrier.

639. 35×2=70;70—8,80=61 fr. 20 c.

660. 12×15=180;180×26=4680;4680· (15×15)= 20 pièces 80 centièmes de pièce ;4680·15=312 ;312×0,60=187 fr. 20

661. 1800×15,50 p. °/₀ =279 fr.
1900+266+111= R.636.

662. 5880,70+102 + 19 = 6001,70;6001,70·4500= 13,33

663. 12,50—10=2,50;180·2,50=72 mètres.

664. 36,25×16=580;580+16+180=776 fr.
36,25·12 = 3,02;3,02×8 = 24,16;776—24,16 =751,84.
16×12=192;192—8=184;751,84·184=4 fr. 09 c. F.

665. 505×4,50=1572,50;25×12=500;500+85+110,50+27,85=525,55;1572,50—525,55=849,15.

666. 4.25+5,95=8,20;8,20×2=16,40;16,40×4,2=68,88.
150·68,88=1 fr. 89 c. F. par mètre carré.

667. 21+2,50+5=28,50;28,50×5=142,50;142,50+540=48250;48250+55,40=517,90;517,90·70,800=7 fr. 52.
2me réponse : 7080 hectog.05 décigrammes.

668. 8490·12=707,50;707,50·12=58 fr. 95 c. par mois.

669. 4,50×5=22,50;5,25×7=22,75;22,50+22,75=42,25 ; 42,25 × 505 = 15801,25;15801,25+15980,50=R. 29781,75;52500—29781,75=22418,25 pour gain.

670. 420,15 × 0,48 = 201,672;27,022,5 × 2,25 = 60,80;201,672 + 60,80 = 262,47;42,015 + 27,0225=69,0575;69,0575×4,50=500,668;500,668—262,47=58,20 F.
69 kilog. 55 grammes 25 centig.=69 décimètres 55 centimètres et 250 millimètres cubes.

671. 250,05×040=100,02;110,25—100,02=10,25;250,05+205,045=455,095 ou 455 décimètres et 95 centimètres cubes ; 110,25·205,045=0,55;0,55—40=15 centimes.

672. 55×565=12775;52,000,000·12775=2505.

675. 45900,25=4590 myriagrammes et 25 décag.

674. $2\frac{1}{8}$, $5\frac{4}{7}$ $\frac{15}{16}$; $\frac{112}{896}+\frac{512}{896}+\frac{840}{896}=\frac{1464}{896}$;1464·896=$1\frac{71}{112}$;2+5+$1\frac{71}{112}$=$6\frac{71}{112}$

675. $\frac{5}{6}$, 500; $\frac{5}{6}\times\frac{300}{1}=\frac{1500}{6}$; 1500·6=250.

676. les $\frac{2}{3}$ des $\frac{3}{4}$ des $\frac{4}{9}$ des $\frac{5}{8}$ de $\frac{1}{2}$; $\frac{2}{3}\times\frac{3}{4}\times\frac{4}{9}\times\frac{5}{8}=\frac{120}{1728}$ ou $\frac{40}{576}$

677. $\frac{2}{9}$ $45\frac{4}{15}$; $\frac{2}{9}$ $\frac{679}{15}=\frac{1358}{135}$;1358·135=$10\frac{8}{135}$

678. $\frac{4}{6}$ $\frac{5}{18}$ $\frac{9}{3}$ $\frac{6}{42}$; $\frac{9072}{13608}+\frac{3780}{13608}+\frac{40824}{13608}+\frac{1944}{13608}=\frac{55620}{13608}$; 55620•13608=4 $\frac{1188}{13608}$ ou $\frac{66}{71}$

679. 5 $\frac{1}{4}$, 7 $\frac{3}{4}$, 5 $\frac{12}{5}$; $\frac{20}{80}+\frac{60}{80}+\frac{192}{80}=\frac{272}{80}$; 272•80=3 $\frac{32}{80}$ ou $\frac{2}{5}$; 5+7+5+3 $\frac{2}{5}$ =R. 18 jours $\frac{2}{5}$; 6+15,50 +22=43,50.

680. 205×3=615;615×22=135,30;135,30+ (4,50 ×3) =148,80.

681. 42 $\frac{7}{8}$, 17 $\frac{24}{26}$ ou $\frac{343}{8}$ $\frac{466}{26}$; $\frac{8918}{208}-\frac{3728}{208}=\frac{5190}{208}$;5190 •208=24 $\frac{198}{208}$ ou $\frac{99}{104}$

682. 20×1,85=37;37•5,08=7,27 F.

683, 2 $\frac{7}{8}$, 1 $\frac{2}{3}$; $\frac{23}{8}$ $\frac{5}{3}$; $\frac{69}{24}-\frac{40}{24}=\frac{29}{24}$; 29•24=1 $\frac{5}{24}$

684. 0,75, $\frac{5}{9}$; $\frac{75}{100}$ $\frac{5}{9}$; $\frac{675}{900}-\frac{500}{900}=\frac{175}{900}$; 175 • 900 = 0,20 c. F.

685. 950•365=2 fr. 60;2,60•12=0,217;0,217•60= 0,0036.

686. 79,80•3=26,60;26,60×2=53,20.

687. 2 $\frac{7}{9}=\frac{25}{9}$;25•9=2,777;2,777×2,50=694,25.

688. 420015•140=0,555;420015=420015 centimètres cubes.

689. 15 $\frac{6}{9}$, 9 $\frac{7}{8}$; $\frac{141}{9}$, $\frac{79}{8}$; $\frac{1128}{72}$ $\frac{711}{72}=\frac{417}{72}$; 417•72=5 $\frac{57}{72}$ ou $\frac{19}{24}$;5,79•1,95=2 $\frac{189}{195}$

690. $\frac{3}{15}$;5•15=20 centimètres ou 200 millimètres.

691. $\frac{4}{8}$;4•8=0,50.

692. $\frac{6}{15}$;6•15=0,4 décimes ou 40 c.

693. 45 $\frac{1}{2}$ 3 $\frac{1}{3}$; $\frac{91}{2}\times\frac{3}{10}=\frac{273}{20}$;273•20=13 $\frac{13}{20}$

694. 3 $\frac{4}{5}$, 5 $\frac{1}{4}$; $\frac{19}{5}\times\frac{21}{4}=\frac{76}{105}$ chaque coupon.

695. 54×1,75=94 fr. 50 c.

696. 4×6=24;12×25=300;300×24=7200;7200× 3,25=23400 de vente;13000+59,60=13059,60 ;23400—13059,60=10340,40.

697. 50,33×2=100,66;100,66—7,50=R.93,16.

RACINE CARRÉE.

Le signe de la racine carré est $\sqrt[2]{\quad}$ qui signifie que l'on doit extraire la racine carrée du nombre qui est sous le *radical*.

Probl.

698. 22
699. 69, et 101 de reste.
700. 150.
701. 2159, et 5748 de reste.
702. 360 à un dixième près.
703. 675,83 à un centième près, et 58111 de reste.
704. 5 pour racine 16me.
705. 2,9.
706. 1,55, et 225 de reste.
707. 2 pour racine 4me
708. $\frac{3}{4}$
709. $\frac{25}{2}$
710. $\frac{3}{4}$ à $\frac{1}{32}$ près $= \frac{3\times32}{4\times32} = \frac{96}{128}$; $\sqrt[2]{\frac{96}{128}} = \frac{9}{11}$ à $\frac{1}{32}$ près.
711. 5 pour racine 8me
712. $2\frac{8}{15}$ à $\frac{1}{25}$ près $= \frac{38\times25}{15\times25} = \frac{950}{400}$; $\sqrt[2]{\frac{950}{400}} = \frac{30}{20}$ à $\frac{1}{25}$ près.
713. 209,2426, reste 5454524.
714. 190 mètres de longueur.
715. $\sqrt[2]{60,84} = 7,8 ; 7,8 \times 100 = 780 ; 780 \times 4 = 3120$ mètres de longueur.
716. $\sqrt[2]{118,81} = 10,9 ; 10,9 \times 100 = 1090 ; 1090 \times 5 = 5450$ plantes pour chaque côté.

717. $\sqrt[2]{96721}$=311 ceps.

718. 6400·4=1600; $\sqrt[2]{1600}$=40 arbres.

719. $\sqrt[2]{468}$=21,63;21,63 × 100 =2163, et 1431 de reste.

720. 45×55=2475; $\sqrt[2]{2475}$=49,75 F.;49,75—45 = 4,75 d'augmentation 55—49,75 = 5,25 de diminution.

721. $\sqrt[2]{49}$=7 mètres ;7×4=28;28×4,25=119;119 ×3,50=416 fr. 50 c.

722. $\sqrt[2]{441}$=21;21×100=2100; $\sqrt[2]{2100}$=45;45·3 =15 arbres.

723. 80×80=6400;8000—6400=1600; $\sqrt[2]{1600}$=40 plus petit nombre.

724. $\sqrt[2]{1225}$=35;35×4=1400;1400×3,25=4550; 4550×,80=R. 5640 fr. Comme les murs sont récrépis des deux côtés, le prix est le double, c'est-à-dire 7280 fr.

725. * $\sqrt[2]{25}$=5 mètres de côté.

RACINE CUBIQUE.

Probl.

726. 9

727. 20 et 654 de reste.

728. 45.

729. 205, reste 58575

730. 1876.

731. $\sqrt[3]{9456000}$ à $\frac{1}{10}$ près $=$ 21,1, reste 62069.

732. $\sqrt[3]{64682000000}$ à $\frac{1}{100}$ près $=$ 40,14, reste 7645256.

733. $\sqrt[3]{125000,000,000}$ à $\frac{1}{1000}$ près $=$ 5,000.

734. $\sqrt[3]{0,846500} = 0,94$, reste 15916.

735. $\sqrt[3]{29,791} = 3,1$.

736. $\sqrt[3]{\frac{27}{729}} = \frac{3}{9}$ ou $\frac{1}{3}$

737. $7 \div 8 = 0,875$; $\sqrt[3]{82,875} = 4,3$, reste 3368.

738. $\sqrt[3]{\frac{7}{8}}$ à $\frac{1}{20}$ près ; $20^3 = 8000$; $8000 \times \frac{7}{8} = \frac{56000}{8}$;

$56000 \div 8 = 7000$; $\sqrt[3]{7000} = 19$ F. R. $\frac{19}{20}$

739. $25^3 = 1625$; $1625 \times 2\frac{8}{15} = \frac{593750}{15}$; $593750 \div 15 =$

39583; $\sqrt[3]{39583} = 34$ à moins d'une unité près,

R. $\frac{34}{20}$ à $\frac{1}{20}$ près.

740. * $\sqrt[3]{\frac{3}{11}} = \frac{7}{11}$ à $\frac{1}{11}$ près.

741. * $\sqrt[3]{\frac{27}{35}} = \frac{32}{35}$ à $\frac{1}{35}$ près.

742. * $\sqrt[3]{\frac{17}{23}} = \frac{20}{23}$ à $\frac{1}{23}$ près.

743. * $\sqrt[3]{\frac{7}{8}} = 0,956$ à $\frac{1}{1000}$ près.

744. * $\sqrt[3]{3,\frac{6}{11}} = 1,52$ à $\frac{1}{100}$ près.

745. * $\sqrt[3]{\frac{7}{12}} = 0,8355$ à $\frac{1}{1000}$ près.

746. 493059 grammes $=$ 493,059 centimètres cubes ;

$\sqrt[3]{493,059} = 0,79$.

747. 3 mètres 4 décimètres et 63 de reste.

748. 1250×100=125,000 décim. cubes; $\sqrt[3]{125000}$ = 8.
126 mètres cubes 800 décimètres × 972 = 100425 kil. 600 grammes, poids de l'eau contenue.

749. 1° R. 17 mètres de côté.
2° R. 4915×1282=6298466 kil.

750. * $\sqrt[3]{15625}$=25 briques ; 25×,05 = 1 mètre 25 centimètres de hauteur.

751. $\sqrt[3]{512}$=8;8×2=16; $\sqrt[3]{16}$=4.
La hauteur sera 4, la largeur 8 et longueur 16;
512×1890=967680.

752. $\sqrt[3]{1061208}$ = 102 R. 10 mètres 2 de côté ; 1061208×9=955087 kil. 2 hect. ; 955087,2 —500=954587,2.

753. 64×100=6,400; $\sqrt[3]{6,400}$=1,85; 1,85×2=3,70 ; $\sqrt[3]{3,70}$=1,94 pour la hauteur et 3,70 pour la longueur.

754. $\sqrt[3]{768}$ = 91 mètres de côté ; 768000 • 35 = 21942,85; 21942,85×270=5924569,50.

755. 1° 512×100=51200 décimètres cubes $\sqrt[3]{51200}$ =80 mètres de côté.
2° 512 hectolitres = le poids de 51 mètres cubes d'eau pure et 2 décimètres.
3° 51,2×100=5120 myriagrammes.

RÈGLES DE TROIS.

Probl.

763. $32:80::250:x=625$.

764. $12:8::48:x=32$ fr.

765. $48:x::6:30=240$ fr.

766. $10:18::15:x=27$ fr.

767. $360:x::42:168=1584$ fr.

768. $3:144::45:x=2160$ plumes.

769. $15:75::x:150=30$ mètres.

770. $62:x::16:64=248$ fr.

771. $24:45::6\times 6=x=67$ fr. 50.

772. $240:40::x:130=780$ mètres.

773. $48:11::x:15=65$ fr. 45 c. et 5 de reste.

774. $180:150::240:x=200$ fr.

775. $36:18::x:5=10$ litres.

776. $25:50::350:x=7$ fr.

777. $20:1200::x:12=0,20$ c. la douzaine.

778. $12:600::x:25=0,50$ le quarteron.

779. $6:240::x:100=2$ fr. 50 c. le cent.

780. $330:1650::12:x=60$ fr. la douzaine.

781. $8:x::2:3=12$ kilogrammes

782. $0,30:25::x:6=0,075$ le cahier.

783. $46:184::x:356=89$ jours.

784. $20:225::x:1125=100$ fr.

785. $3:20::x:80=12$ fr.

786. $17:100::x:2950=501,50$ c.

787. $45,25:18,10::337,50:x=135$ mètres.

788. $7:5::x:18=2$ fr. 52.

789. $100:7::x:14,50=101,50$.

790. 45,50:12::x:100=379,16, reste 8.
791. 36:32,40::x:43,20=38,88.
792. 52,50:49::x:6=6 fr. 43 c. F.
793. 42:7::420:x=70.
794. 2845:x::50:2,50=142 fr. 15.
795. 100:x::12:2,25=18 fr. 75 p. %
796. 100:x::12:0,96=8 p. %
797. 25:44::x:132,44=75 $\frac{1}{4}$
798. 8,50:5::25,5:x=15 pantalons.
799. 100:x::17;2,50=14 fr. 70 c. p. % et 1 de reste.
800. 25250:820,50::6995;x=246,86 c. F.
801. 200:57,20::1:x=0,286 le litre.
802. 14×8:1::x×24:1=R. 4 ouvriers $\frac{2}{3}$
803. 48,50:291::12,50+48,50:x=366 fr.
804. 100:10::25:x 2,50;2,50·25=10 centimes.

805. {23:345::17:306.
345·23=15;306·17=18 ; ce sont donc les derniers ouvriers, puisqu'ils ont fait chacun 3 mètres de plus que les premiers.}

806. 87,50:30::x:36=105 fr.
807. 50:52::x:142=221,88 F.
808. 30:4×60::54:7×60+12; 240·30=8;452·54=8 } également.
809. 36:x::100:25=9 fr.
810. 100:4::5000:x=200 fr. de bénéfice R. 5200.

811. {80·5=0,16 c. l'hectolitre ou 1,6 le kilog.
100:12::1,6:x0,192;1,6+0,192=1,792 kilog.}

812. 87 fr. 50:1750::x:1000=50 fr.
813. 4500:600::x:825000=6187500 hectogrammes.
814. 80:18004:;x:14080=62 fr. 56, et 6976 de reste.
815. 12×571:1::x× 487:1 = 14 rouleaux, et 34 de reste.
816. 2907:6::41528:x=85 jours, et 2149 de reste.

817. 410:50::x:10=82 mètres carrés.
818. 425:x::5:70+5950;5950·2=2975 mètres.
819. 600:x::1:2=1200 fr.
820. 20:x::2:960+9600 mètres.
821. 10:12::400:x=480 mètres.
822. 100:1,75::1572 fr. 50 c. :x=27 fr. 518.
823. 100:6::10,000,25:x=600 fr., 015.
824. 100:8:: (10×205×52,20) :x=85,608;1070,10 +85,60=1155,70;1155,70·2050=R. 56.
825. 1440:8,75::12852:x=11 jours $\frac{1}{3}$
826. 6,50:x::4,75:12,50=17 fr. 52 c. F.
827. 588×,405:1::x×,486:1=490 planches.
828. 100:7,50:: (60 × 300,025×,55) :x = 742,56; 742,56+1=742,56.
829. 122,017:x::100:25,75=31 fr. 42 c. F.
830. 1000:80::x:1299=16237 fr. 5.
831. { 100:6::480:x=28,80. / 100:18::480:x=86,40. } 86,40—28,80=57,60
832- 100:8::98728:x= 78,9824;987,28—78,9824 = 908,2976;9082,976×3,25= R.29519 fr. 673.
833. 1200:x::10,75:1,40=156 fr. 35 c. F.
834. 625,05: 2315,005::x:480,080 =129 fr. 63 c. F.
835. 96 $\frac{9}{13}$:38,52::3×35 $\frac{7}{9}$:x=43 fr. 32 c. F.
836. 320,50—280,50=40 fr.;
20:40::320,50:x=160,25 pour la première.
20:40::280,50:x=140,25 pour la seconde.
837. 320,50—280,50=40.
40:20::320,50:x=160,25, longueur de la première.
160,25—20=140,25, longueur de la seconde.
838. 3508:55,25::100008:x=157,60.
839. 9320,05:2800,50::500:x=151 fr. 25 c. F.
840. 220:8,07::45:x=1,65, et 15 de reste.

841. 5:1300,005::x:45250:=174 tonneaux.

842. 100:15::1740,25:x=261,037.

843. 1500:80,000::1500 + 150:x = 88000 ;88000—80000=8000.

844. 15:8::365:x=194,66;2000—194,66=1805,34; 1805,34·365=4,95, F.

845. 10+7:120::10+7+6:x=162,35, et 50 de reste.

846. 4:6::4500:x=6500;6500×0,335=2261,25.
47,50× 18=855;226125—855=1406,25.

846. 180:21,50::x:29=242 décalitres 7 litres et 90 centilitres.
24,27·7=3,46;3,46×0,25=0,765;765+29 fr. =29 fr. 765 m.

848. 36:16::24:x=x 10 $\frac{2}{3}$

849. 122025—29815=92210.
92210:95::122025:x=125,72 c. F. pour la première.
125,72—95=30 fr. 72 pour la seconde.

850. 25:38,50::120:x = 184 fr. 8 ;184 fr. 8 · 120 = 1,50;1,50×10=15;184,8+15=199,15.

851. 12,50 + 9 = 21,50;21,50 × 2 = 43;43:1620:: 13,50×9,50×2:x=1733, et 1 de reste.

852. 100: $\frac{7}{15}$ ::50000:x=233,33.

853. 7:2::x:6,75=20, et 125 de reste.

854. 2,25×52=116;116×30=3480;100:6::3480:x =208,80.

RÈGLE DE TROIS COMPOSÉE.

Probl.

858. $10\times15:240::5\times7,50:x=60$ mètres.

859. $12\times7:6500::6\times5,50:x=1625$ briques.

860. $8\times5:95\times18::24\times x:285\times54=14,64$, et 120 de reste.

861. $x\times36:1::20\times18:1=10$ hommes.

862. $15\times34:1::x\times17:1=30$ hommes ; $30-15=15$ hommes de plus.

863. $6\times15:36::18\times7,75:x=55$ m. 13 c., et 30 de reste.

864. $5\times6:40::x\times24:160=5$ ouvriers.

865. $6:24\times15::x:12\times15\times15=45$ jours.

866. $25\times115:1::x\times75:1-64$ ouvriers F. ; $64-25=39$ hommes de plus.

867. $3\times5\times8:42::7\times11\times7:x=188$ mètres 65 centimètres.

868. $4\times6:400::3\times x:400=80$ jours.

869. $10\times18\times12:225::x\times18\times12:585=31;31-12=19$ de plus.

870. $60:38\times0,75::75:x\times,80=44$ mètres 55 centimètres, et 6 de reste.

871. $3\times8:330::7\times14:x=1347$ kil. 5 hect.

872. $1,75\times2,25:310::1,75\times x:600,25=4$ jours $\frac{2}{3}$

873. $7\times9\times4:68::18\times7\times3,50:x=119$ mètres.

874. $400\times45\times0,80:1::400\times75\times x:1=,48$ centimes.

875. $75\times8:1::x\times12:1=50;75-50=25$ ouvriers.

876. $20\times6\times10:150::15\times12\times10:x=225$ mètres.

877. $45\times167:1::x\times224:1=34$ ouvriers, et 125 de reste.

878. 8×6×13:192::7,50×6×13:x=180 mètres.

879. 15×15,75:600::18×28,375:x=1297,15 F.

880. 19×15:105×2,75×1,3::15×x:60×1,75×0,9 =4 jours et 8 heures.

881. 25000×2:17000::4000×8:x=10880 fr.

882. 4×x×5:450::8×15×8:1500=4 jours et 6 heures.

883. 2×9:8::20×10:x=88 myriamètres 8 hectomètres.
88,8+8=96 myriamètres 8 kilomètres.

884. 7×15×10:115×2,35::x×30×9:760×3=16.

885. 75×9 $\frac{5}{8}$×72:252×$\frac{5}{6}$::x×10 $\frac{5}{12}$×77:135×$\frac{8}{9}$ ou 51974:240::x×818,125:105=33 ouvriers.

886. 2×5×3:90::3×x×7:126=R. 2 jours.

887. 3:4::8:x=10,66, nombre représentant la difficulté du premier ouvrage, 3:4::10,66:x= 14,21, nombre représentant la difficulté du second ouvrage ;2×10,66:8::5×14,21:x=26 mètres 65 centimètres.

888. 5×14:1::x×25:1=2 ouvriers 8 dixièmes.

889. 5×67,50×13:1::7,25×x×12:1=51,58.

890. 2×20:140,40::4×17,50:140,40=245 mètres 70.

891. 440,8×400:1500::126×400:x=428,76.

892. 9×7:21::6×5:x=10;10·2=5 fauteuils.

893. 6×20×6:200::6×x×5:200=24 jours.

894. 30:65,50×1,10::x:26×1,20=12 kilogrammes 99 décagrammes.

895. 2:8,05×$\frac{12}{9}$::2:x×0,50=13 mètres 414 F.

896. 5009×15:1900::140×110,80×10:x=6526,57.

897. 20×17:109::45×10:x=144,26;144,26·4= 36,065.

898. 1,95×120:1::x×50:1=4 mètres 68.

899. 900×1,50:350::2400×6:x=3740,75 c. F.

900. 100,5:1750::x:1520=8690 litres, reste 10.

901. 8 × 6 × 12:230 :: 8 × x × 9,75:230 = 7 jours 4 heures.

902. 4×25×14:60×4×,80 c. ::4×25×9:x× 2,50 ×,102=484 mètres de longueur et 12 de reste.

903. 14×37×10:180×95×0,90×0,15:14×37× 10 :580,345×x=5 fr. 98 c. le mètre cube.

904. x×8,50×8:340::10×6×10:500=10 hommes.

905. 5×9:50::x×6:89×1500=20 jours.

906. 15 × $\frac{14}{15}$ × 8 × 10:40::6 × $\frac{20}{7}$ ×x × 5:40 = 9 jours $\frac{10}{15}$

907. 36×22×11:88::x×5,75 × 11 : 112 = 175 ouvriers.

908. 6×150:2420,50::14×x:14 × 142 =52 kilog. 8;52,8×14=752 kilog. 2 hectogrammes.

909. 250:334::16:x=21 kilog. 37 décag. et 150 de reste.

910. 4×20×10:400×0,75::8×x×10:110× 2,50 × 0,80=7 jours 3 heures.

911. 45×x×10:1::50×28×9:1=28 journées.

912. 12×20×8:550::16×9,50×30:x=836,72 F.

913. 10×40:27,50::x×30,6:80=38 pièces.

914. 12,50×3,33×15:47,50::15×19 × x :115,25= 5 heures.

915. 8×30×11:25×5::16×x×11:25×5=15jours.

916. 14×7,45×0,45:1::x×7,45 × 0,40 :1 =15 rouleaux $\frac{3}{4}$ 15 $\frac{3}{4}$ ×2=31 rouleaux $\frac{1}{2}$.

917. 10×10×10:900::5×5×x:100=5 heures F.

918. 20×4:142::25×x:1500=55 jours.

919. { 6×8=48 ; 4×10=40 } 88×40:7500::10×x×12:1845= 7 jours 5 heures F.

920. 20×6 $\frac{3}{4}$:200::x×12 $\frac{1}{3}$: 289 fr. 50=17 jours 5 heures F.

921. $100 \times 190 : 48 \times 12,50 :: x \times 200 : 58 \times 18 = 165$ F.

922, $30 \times 12,50 : 2005 :: 45 \times x : 7800 = 32 ; 32 \cdot 2 = 16$ jours.

923. $100 : 3 \times 9 :: x : 800 \times 24 = 71111$, et 31 de reste.

924. $1 \times 1,20 ; 18 \times 6,50 :: 0,693 : x \times 3,50 = 26$ fr. $826 \frac{3}{7}$

925. $6,33 \times 15 : 16 \times 12 :: 13,66 \times 12 : x \times 11 = 30$ mètres 14 F.

926. $100 : 4 :: 7460 : x = 298,40 ; \times \frac{1}{4} = 373 ; 373 :: 7460 =$ R. 7833.

927. $8112,50 \times 4 \times x : 1 :: 2950 \times 5,50 \times 4 : 1 = 2$ ans.

928. $359,25 \times 1,50 : 25 \times 27 \times 11 :: 638,66 \times 1,125 : 46 \times 9 \times x = 22$ jours, ou bien $446188,500 : 6831 :: 718,50 : x = 22$ jours.

929. $15 \times 30 \times 12 + (10 \times 10 \times 11) + (18 \times 15 \times 8) : 75,25 \times 6,25 \times 0,95 + (36,25 \times 5,85 \times 0,90) :: 136 \times 30 \times 12 : x \times 7 \times 2 = 429$ mètres 170 F.

830.
$3 \times 1052 = 3156$
$2 \times 1214 = 2428$
$12 \times 1060 = 12720$
} $= 18304$ fils.
$38 + 43 + 57 = 138 ; 138 \cdot 3 = 46$.
$1000 \times 75 : 2,10 :: 18304 \times 46 : x = 31$ fr. 02 c.

931.
$3,50 \times 1214 = 4249$
$6,33 \times 1050 \times 2 = 13293$
$14,25 \times 1190 \times 2 = 33915$
} 51457 fils.
$114 + 171 + 129 = 414$ mètres ; $414 \cdot 3 = 138$;
$1000 \times 225 : 2,50 \times 51457 \times 207 : x = 78$ fr. 75 F.

RÈGLE DE SOCIÉTÉ SIMPLE.

Probl.

954.
4000
6000
10000 : 1120 :: 4000 : x = 448, part du premier.
10000 : 1120 :: 6000 : x = 672, part du second.

955.
17000
15000
9000
41000 : 12000 :: 17000 : x = 4975,60 $\frac{40}{41}$
41000 : 12000 :: 15000 : x = 4390,24 $\frac{16}{41}$
41000 : 12000 :: 9000 : x = 2634,14 $\frac{26}{41}$

956.
140×3,50 = 490 fr., mise du premier.
1300 fr., mise du second.
402×11 = 4422 fr., mise du troisième.
6212 : 1200 :: 490 : x = 94,65 $\frac{3748}{6212}$
6212 : 1200 :: 1300 : x = 251,12 $\frac{4256}{6212}$
6212 : 1200 :: 4422 : x = 854,21 $\frac{4748}{6212}$

957.
320
140
460 : 517 :: 320 : x = 359,65 $\frac{100}{460}$
460 : 517 :: 140 : x = 157,34 $\frac{360}{460}$

958.
1500
600
2100
4200 : 2000 :: 1500 : x = 714,28 $\frac{2400}{4200}$
4200 : 2000 :: 600 : x = 285,71 $\frac{1800}{4200}$
4200 : 2000 :: 2100 : x = 1000

959.
500 · 2 = 250, part du déboursé du premier.
250 — 200 = 50, part du déboursé du second.
500 : 600 :: 250 : x = 300
500 : 600 :: 50 : x—100

940.
3050·15250=0,20
2500×20=500
3125×20=625
5625×20=1125
4000×20=800
15250

941.
36
43
18,75
97,75 :520::36:x=191 $\frac{5975}{9775}$
97,75 :520::43:x=228 $\frac{6300}{9775}$
97,75 :520::18,75:x=99 $\frac{7285}{9775}$

942.
4580·2=2290; 300·2=150;
2290—150=2140, part du premier.
2290+150=2440, part du second.

943.
26000—17000=9000 fr. de gain.
17000:9000::4000:x=2117 $\frac{11}{17}$
17000:9000::6000:x=3176 $\frac{8}{17}$
17000:9000::7000:x=3705 $\frac{15}{17}$

944.
6
5
11:600::6:x=327 $\frac{3}{11}$
11:600::5:x=272 $\frac{8}{11}$

945.
450, part du premier.
450+48,50=498 fr. 50, part du second.
450
498,50
948,50:600::450 : x = 284 $\frac{62600}{94850}$
948,50:600::498,50:x=315 $\frac{32250}{94850}$
284—450=166, pertes du premier.
315—498=183, pertes du second.

946.
65000
50000
40000
155000 :250000::65000:x=104838,53
155000 :250000::50000:x=80645,45
155000 :250000::40000:x=64510,22

947.

3

4

5

12 :1600 : : 3 : x=400

12 :1600 : : 4 : x=533 $\frac{1}{3}$

12 :1600 : : 5 : x=666 $\frac{2}{3}$

948.

400

100+150= 250

549— 92= 457

1107 :1098 : : 400 : x=396 $\frac{220}{1107}$

1107 :1098 : : 250 : x=248 $\frac{104}{1107}$

1107 :1098 : : 457 : x=453 $\frac{775}{1107}$

949.

82×17 fr. 50=1435

1900+2300=4200; 5000—4200=800

1900

2300

800

5000 :1435 : : 1900 : x=545,3

5000 :1435 : : 2300 : x=660,1

5000 :1435 : : 800 : x=229,6

950.

6

8

9

23 :1200 : : 6 : x=313 $\frac{1}{23}$

23 :1200 : : 8 : x=417 $\frac{9}{23}$

23 :1200 : : 9 : x=469 $\frac{13}{23}$

951.

2400

2100

1800

1500

7800

60000 : 7800 : : x : 2400=18461 $\frac{42}{78}$

60000 : 7800 : : x : 2100=16153 $\frac{66}{78}$

60000 : 7800 : : x : 1800=13846 $\frac{12}{78}$

60000 : 7800 : : x : 1500=11538 $\frac{30}{78}$

952.
240 — 140 = 100
240 : 360 :: 140 : x = 210
240 : 360 :: 100 : x = 150

953.
5
4,50
3
12,50 : 1200 :: 5 : x = 480
12,50 : 1200 :: 4,50 : x = 432
12,50 : 1200 :: 3 : x = 288

954.
8
10,50
13
31,50 : 30000 × 12 :: 8 : x = 91428 $\frac{1800}{3150}$
31,50 : 30000 × 12 :: 10,50 : x = 120000
31,50 : 30000 × 12 :: 13 : x = 148571 $\frac{1350}{3150}$

955.
53
41,75
94,75 : 1500 :: 53 : x = 839 $\frac{475}{9475}$
94,75 : 1500 :: 41,75 : x = 660 $\frac{9000}{9475}$

956.
11200
5600
16800 : 1496 :: 11200 : x = 997 $\frac{56}{168}$
16800 : 1496 :: 5600 : x = 498 $\frac{112}{168}$

957.
20000 : 16000 :: x : 8000 = 10,000
20000 : 16000 :: x : 6000 = 7500
20000 : 16000 :: x : 2000 = 2500

958.
18000
12000
28580
58580 : 34680 :: 18000 : x = 10656
58580 : 34680 :: 12000 : x = 7104
58580 : 34680 :: 28580 : x = 16920

959.
2500
22000
———
24500 : 13000 : : 2500 : x = 1326 $\frac{132}{245}$
24500 : 13000 : : 22000 : x = 11673 $\frac{115}{245}$

960.
2250 : 13280 : : x : 3250 = 5506 $\frac{532}{1328}$
2250 : 13280 : : x : 6482 = 10982 $\frac{404}{1328}$
2250 : 13280 : : x : 3548 = 6010 $\frac{1720}{1328}$

961.
142,50 — 35,80 = 103,70
22,75 : 142,50 : : x : 38,80 = 6,12
22,75 : 142,50 : : x : 103,70 = 16,57

962.
8,50
11,75
6,25
———
26,50 : 59,50 : : 8,50 : x = 19 $\frac{2250}{2650}$
26,50 : 59,50 : : 11,75 : x = 26,3 $\frac{2275}{2650}$
26,50 : 59,50 : : 6,25 : x = 14 $\frac{0750}{2650}$

963.
12
15
———
27 : 500 : : 12 : x = 222 fr. $\frac{6}{27}$
27 : 500 : : 15 : x = 277 $\frac{21}{27}$

964.
1
3
———
4 : 540 : : 1 : x = 135
4 : 540 : : 3 : x = 405

965.
1000
800
———
1800 : 2800 : : 1000 : x = 1555 $\frac{10}{18}$
1800 : 2800 : : 800 : x = 1244 $\frac{8}{18}$

966.
1500
1200
1000
———
3700 : 12428 : : 1500 : x = 5358 $\frac{14}{37}$
3700 : 12428 : : 1200 : x = 4030 $\frac{20}{37}$
3700 : 12428 : : 1000 : x = 3358 $\frac{34}{37}$

967.
1000
800
700 $\quad$ 304
600 $\quad$ 4,80
$2100 : 308,80 :: 1000 : x = 99,6 \frac{40}{310}$
$2100 : 308,80 :: 800 : x = 79,6 \frac{200}{310}$
$2100 : 308,80 :: 700 : x = 69,7 \frac{90}{310}$
$2100 : 308,80 :: 600 : x = 59,7 \frac{210}{310}$

968.
$600 \cdot 2000 = 0,30$
$0,30 \times 1000 = 300$; $300 - 250 = 50$, part de la 1[re].
$0,30 \times 1000 = 300$, part de la seconde.

969.
15000
30008
45500
$90508 : 102,50 :: 15000 : x = 16,9 \frac{79140}{90508}$
$90508 : 102,50 :: 30008 : x = 33,9 \frac{75988}{90508}$
$90508 : 102,50 :: 45500 : x = 51,5 \frac{25880}{90508}$

970.
$42500 : 17050 :: x : 10,000 = 24926 \frac{1170}{1705}$
$42500 : 17050 :: x : 7050 = 17573 \frac{585}{1705}$

971.
$3000 \cdot 5 = 600$, gain de chacun des 5 premiers.
$42050 - 19000 = 23050$; $23050 - 3000 = 20050$;
$20050 \cdot 5 = 4010$, gain de chacun des 5 derniers associés.
$19000 : 23050 :: x : 600 = 494 \frac{1330}{23050}$
$19000 : 23050 :: x : 4010 = 3305 \frac{975}{23050}$

972.
15
22
$37 : 32000 :: 15 : x = 12972 \frac{36}{37}$
$37 : 32000 :: 22 : x = 19027 \frac{1}{37}$

973.
30
23,75
18,33
$72,08 : 380 :: 30 : x = 158,1 \frac{4152}{7208}$
$72,08 : 380 :: 23,75 : x = 125,2 \frac{584}{7208}$
$72,08 : 380 :: 18,33 : x = 96,6 \frac{2472}{7208}$

974. $\begin{cases} 38 \\ 27 \\ \overline{65} : 52000 :: 38 : x = 30400 \\ 65 : 52000 :: 27 : x = 21600 \end{cases}$

975. $\begin{cases} 6324 - 2108 = 4216 \\ 11250 \\ 9830 \\ \overline{21080} : 4216 :: 11250 : x = 2250, \text{ gain du } 1^{er}. \\ 21080 : 4216 :: 9830 : x = 1966, \text{ gain du } 2^{me}. \\ 1966 : 9830 :: 2108 : x = 10540, \text{ mise du } 3^{me}. \end{cases}$

976. $\begin{cases} \frac{1}{2}, \frac{1}{3}, \frac{1}{4}, \frac{1}{5} = \frac{30}{60}, \frac{20}{60}, \frac{15}{60}, \frac{12}{60} \\ 30 \\ 20 \\ 15 \\ 12 \\ \overline{77} : 2772 :: 30 : x = 1080 ; 1080 \cdot 2 = 540 \text{ pour un compagnon.} \\ 77 : 2772 :: 20 : x = 720 ; 720 \cdot 8 = 90 \text{ fr. pour un ouvrier.} \\ 77 : 2772 :: 15 : x = 540 ; 540 \cdot 6 = 90 \text{ pour un apprenti.} \\ 77 : 2772 :: 12 : x = 432 ; 432 \cdot 6 = 72 \text{ pour un manœuvre.} \end{cases}$

977. $\begin{cases} 8 : x :: 2 : 5 = 20 \\ 3 \\ 8 \\ 20 \\ \overline{31} : 4800 :: 3 : x = 464,51 \frac{19}{31} \\ 31 : 4800 :: 8 : x = 1238,70 \frac{30}{31} \\ 31 : 4800 :: 20 : x = 3096,77 \frac{13}{31} \end{cases}$

978.
$$\begin{cases} 25,50 \times 12 \times 4,50 = 1377 \\ 6 \times 60, + 25 = 385 \\ 5 \times 60, + 40 = 540 \\ \quad 550 \\ 3 \times 60, + 5 = 185 \\ \overline{1460} : 1377 :: 385 : x = 363 \frac{33}{292} \\ 1460 : 1377 :: 340 : x = 320 \frac{169}{296} \\ 1460 : 1377 :: 550 : x = 518 \frac{214}{292} \\ 1460 : 1377 :: 185 : x = 174 \frac{141}{292} \end{cases}$$

363 + 320 + 518 + 174 + 2 provenant des fractions = 1377 mètres cubes, ou 1377 kilolitres, ou 137700 myriagrammes.

RÈGLE DE SOCIÉTÉ COMPOSÉE.

Probl.

981.
$$\begin{cases} 2900 \times 18 = 52200 \\ 3009 \times 13 = 39117 \\ \overline{91317} : 5000 :: 52200 : x = 2858 \frac{16014}{91317} \\ 91317 : 5000 :: 39117 : x = 2141 \frac{75303}{91317} \end{cases}$$

982.
$$\begin{cases} 7600 \times 16 = 121600 \\ 9000 \times 18 = 162000 \\ 8000 \times 12 = 96000 \\ \overline{379600} : 3000 :: 121600 : x = 961 \frac{4400}{379600} \\ 379600 : 3000 :: 162000 : x = 1280 \frac{112000}{379600} \\ 379600 : 300 :: 96000 : x = 758 \frac{263200}{379600} \end{cases}$$

983.
$$\begin{cases} 4800 \times 3,75 \text{ c.} = 18000 \\ 3771 \times 6 = 22626 \\ \overline{40626} : 677,10 :: 18000 : x = 300 \\ 40626 : 677,10 :: 22626 : x = 377,10 \end{cases}$$

984.
1150×12=13800
750 × 9 = 6750
20550 : 700 :: 13800 : x = 470 $\frac{1500}{20550}$
20550 : 700 :: 6750 : x = 229 $\frac{19050}{20550}$

985.
2000× 9 = 18000
8450×12=101400
1600×3 = 4800
124200 : 2050 :: 1800 : x = 297 $\frac{12600}{124200}$
124200 : 2050 :: 101400 : x = 1673 $\frac{83400}{124200}$
124200 : 2050 :: 4800 : x = 78 $\frac{152400}{124200}$

986.
25× 8 = 200
40×12 = 480
680 : 250 :: 200 : x = 73 $\frac{360}{680}$
680 : 250 :: 480 : x = 176 $\frac{320}{680}$

987.
3500×1080=3580000
5000× 105= 315000
15000× 95=1425000
5550000 : 25000 :: 3580000 : x = 16825 $\frac{164}{532}$
5530000 : 25000 :: 315000 : x = 1480 $\frac{140}{532}$
5530000 : 25000 :: 1425000 : x = 6696 $\frac{228}{532}$

988.
17000×660 j. = 11220000
25900 × 792 = 20512800
31752800 : 20000 :: 11220 : x = 7071 $\frac{173712}{317328}$
31752800 : 20000 :: 20512800 : x = 12928 $\frac{143616}{317328}$

989.

$450 \times 35 = 15750$
$250 \times 90 = 22500$
$38250 : 34525 \times 2 :: 15750 : x = 4061 \frac{29253}{38254}$
$38250 : 34525 \times 2 :: 22500 : x = 2843 \frac{900}{3825}$

990.

$2000 \times 450 = 900000$
$6000 \times 227 = 1362000$
2262000

$5000 \times 75 = 375000$
$700 \times 1080 = 756000$
1131000

$10000 \times 306 = 306000$
$14000 \times 342 = 4788000$
$1700 \times 160 = 272000$
8120000

1er 2262000
2me 1131000
3me 8120000
11513000

$11513000 : 23000 :: 2262000 : x = 4518 \frac{10266}{11513}$
$11513000 : 23000 :: 1131000 : x = 2259 \frac{5135}{11513}$
$11513000 : 23000 :: 8120000 : x = 16221 \frac{7627}{11513}$

991.

$300 \times 5 = 1500$
$168,75 \times 8\frac{1}{2} = 1434,375$
$90 \times 10\frac{3}{4} = 967,5$
$3901,875 : 14,75 \times 116 :: 1500 : x = 657 \frac{2968125}{3901875}$
$3901,875 : 14,75 \times 116 :: 1434,375 : x = 628 \frac{3838125}{3901875}$
$3901,875 : 14,75 \times 116 :: 967,5 : x = 424 \frac{997500}{3901875}$

992.

$7 \times 5 = 35$
$10 \times 3 = 30$
$65 : 80000 :: 35 : x = 43076 \frac{60}{65}$
$65 : 80000 :: 30 : x = 36923 \frac{5}{65}$

993.

$22 \times 9 = 198$
$40 \times 2\frac{1}{2} = 100$
$298 : 4250 :: 198 : x = 2823 \frac{246}{298}$
$298 : 4250 :: 100 : x = 1426 \frac{52}{298}$

994. $\begin{cases} 1450-800=650 \\ 800\times12:285{,}50::650\times9\tfrac{1}{2}:x=183 \text{ fr. } 65 \text{ c.F.} \end{cases}$

995.
3
2,50
$5{,}50 : 1600 :: 3 : x = 872 \frac{400}{550}$
$5{,}50 : 1600 :: 2{,}50 : x = 727 \frac{150}{550}$

996.
$500 \times 24 = 12000$
$20000 \times 21 = 420000$
432000

Sommes avancées.

$4000 \times 24 = 96000$
$5400 \times 9 = 48600$
144600

$500 \times 24 = 12000$
$500 \times 18 = 9000$
$500 \times 12 = 6000$
$500 \times 6 = 3000$
30000

Sommes retirées.

$3600 \times 4{,}50 = 15750$
$1500 \times 3 = 4500$
20250

$144600-20250=124350$, mise du second.

1er 432000
2me 124350
3me 30000

$586350 : 1700 :: 432000 : x = 1252 \frac{28980}{586350}$
$586350 : 1700 :: 124350 : x = 360 \frac{30900}{586350}$
$586350 : 1700 :: 30000 : x = 86 \frac{57390}{586350}$

997.
$22 \times 2\frac{1}{2} = 55$
$12 \times 3\frac{3}{4} = 45$
$100 : 4800 :: 55 : x = 2640$
$100 : 4800 :: 45 : x = 2160$

998.
$4 \times 6 = 24$
$10 \times 4\frac{2}{5} = 44$
$68 : 225 :: 24 : x = 79 \frac{28}{68}$
$68 : 225 :: 44 : x = 145 \frac{40}{68}$

999. $1800 \times 9 = 16200 : 600 :: 3000 \times 15 = 45000 : x = 166 \frac{108}{162}$

1000. 102
90
———
192 : 145000 :: 102 : x = 77051 $\frac{48}{192}$
192 : 145000 :: 90 : x = 67968 $\frac{144}{192}$

1001. 1600 + 300 = 1900
1900 : 300 :: 1140 : x = 180, gain du second.
1140 — 180 = 960, pour la mise du second.
1900 — 1140 = 760, gain et mise du premier.
1900 : 300 :: 760 : x = 120, gain du premier.
760 — 120 = 640, mise du premier.

1002.

Mises du 1er.

60 × 48 = 2880
800 × 43 = 34400
1500 × 15 = 22500
59780

Mises du 2me

600 × 48 = 28800
1800 × 42 = 75600
104400

Mises du 3me.

400 × 48 = 19200
500 × 42 = 21000
500 × 36 = 18000
500 × 30 = 15000
500 × 24 = 12000
500 × 18 = 9000
500 × 12 = 6000
500 × 6 = 3000
103200

Mises du 4me

900 × 44 = 39600
900 × 38 = 34200
900 × 32 = 28800
900 × 26 = 23400
900 × 20 = 18000
900 × 14 = 12600
900 × 8 = 7200
900 × 2 = 1800
165600

Mise du 5me.

360 × 4 = 1440 ; 1440 × 6 = 8640

1er 59780
2me 104400
3me 103200
4me 165600
5me 8640
———
441620 : 20000 :: 59780 : x = 2707 $\frac{13466}{44162}$
441620 : 20000 :: 104400 : x = 4728 $\frac{2064}{44162}$
441620 : 20000 :: 103200 : x = 4673 $\frac{30974}{44162}$
441620 : 20000 :: 165600 : x = 7499 $\frac{29162}{44162}$
441620 : 2000 :: 8640 : x = 391 $\frac{12625}{44162}$

RÈGLE D'INTÉRÊT SIMPLE.

Probl.

1008. 100:6×1::3400:x=R. 204 fr.

1009. 8050×8×30=193200;193200·100=19320; 19320·75=R.257 fr. 6 c.

1010. 1500×25=37500;37500·100=375;375·90= =41 fr. 66.

1011. 65,50 × 208 =13624 ; 13624·100 =136,24; 136,24·90=1 fr. 52 c. F.

1012. 100:4,75×1::35000:x=1662,50.

1013. 100:5×7::1800:x=630;1800+630=2430 fr.

1014. 100:6,125×2::x:240=R. 1959 $\frac{125}{1225}$

1015. 6000×48=288000;288000·115,20=25 fr.

1016. 100:x×3::2050:2542—2050,=8 p. %

1017. 15000 × 1106 =16590000;16590000·55,38= 2995,49 c. F.

1018. 100:x× $\frac{3}{4}$ ::5000:150= 4 p. %

1019. 100:6 $\frac{1}{2}$ × x::1400:700=7 ans 11 mois et 2 jours.

1020. 100:5 $\frac{3}{4}$ × 2::2000:x=230.

1021. 100:x×4::35000:49175—35000=9 fr. p. %

1022. 100:6 $\frac{3}{4}$ ×1::47 fr. 50:x=3 fr. 21 c. F.

1023. 25,50 × 125 = 4666,50 ; 4666,50 · 62,60 = 0,75 c. F.

1024. { 56·7=8:12×8=96, intérêt d'un an.
100:3 $\frac{1}{4}$ ×1::x:96=2923,11;2923·4=730,77 ;730,77×7=5115,50.

1025. { 100:5×1::1500:x=75 fr.
15000 × 270 = 405000; 405000·100 = 4050; 4050·60=67 fr. 5;75 — 68,5 = 7 fr 50 c. de perte.

1026. 100:4 ½ × 8 ¼ ou 37,125::x:5000=13468 fr.

1027. 100:4 ½ ×1::x:350=7777,77;7777,77·140=56 ans F.

1028. 650×30=19500;19500·41,14=4 fr. 74 c. F.

1029. 6000×120=7200,00;7200·720=10 fr.

1030. 100:4×x::15000:1200=2 ans.

1031. 100:5×20,50::x:1900=1853,65.

1032. 5,50×52=286
100:6×1::x:445,50=7425 ; 7425·286=26 ans F. ;26+17=43 ans.

1033. 4000×17=68000;68000·100=680;680·48=14,59 F.

1034. 2080,50 × 21=43690,50 ; 43690,50 · 100=436,905,436,905·80=5,46.

1035. 100:6::12000:x=720
100:5::7000:x=950
100:7::5000:x=350

1036. 8450 × 1329=11230050 ; 1123050 · 100=112300,50;112300,50·60=1871,62.

1037. 100:0,75::32000:x=240 fr.

1038. 100:7 ⅙ ×x::17000:17000×2=28 ans 8 mois 25 jours.

1039. 100:x=1:25000:375=1,50.

1040. 100:4 ¾ ×1::11250×50:x=534,598.
534,598·365=1,457.

1041. 100 : 15 :: 3 × 45 : x = 20,25;20,25·36 = 0,562.
45·12=3,75;3,75+,562=4 fr. 312 la pièce.

1042. 1000:0,75×30::45000:x=1012,50.
11000—1012,50=9987,50 de gain.
9987,50·100=99,875 p. %

1043. 108:100::3250:x=3009 fr. 26 $\frac{02}{100}$

1044. 100:x×3::4564:821,52=6 p. %

1045. 24,45·20=1 fr. 22 ¼ ;1,22 ¼ ×360=438,10.
10:x×1::8924,25:438,10=5 fr. F. p. %

1046. $100 : 1\frac{1}{2} \times 1 :: 2500 : x = 57,50$; $57,50 - 54 =$ 3 fr. 50 c.

1047. $100 : 25 \times 1 :: 40 \times 3 : x = 30$; $30 \cdot 12 = 2$ fr. 50 c. la douzaine; $2,50 \cdot 12 = 0,20$ c. la pièce.

1048. $100 : 4\frac{1}{4} \times 1 :: 16000 : x = 680$; $680 \cdot 365 = 1,86$.

1049. $100 : 4\frac{3}{4} \times x :: 5950 : 200 = 8$ mois 7 jours, reste 124149.

1050. $2000 \times 20 = 400$; $400 \cdot 720 = 0,55$.
$1500 \times 42 = 63000$; $63000 \cdot 100 = 630$; $630 \cdot 72 =$ 8,75; $8,75 + 0,55 = 9,30$ en tout.

1051. $150 + 450 + 200 + 100 = 900$.
$100 : 4 \times 1 :: x : 900 = 22500$
$22500 \cdot 70 = 321$ mois 12 jours ou 26 ans 9 mois et 12 jours.

1052. $121 : 100 :: 15490 : x = 11975,2$
$15490 - 11975,2 = 3514$ fr. 80 de revenu pour 3 ans.

1053. $100 : 1 :: 4000 : x = 40$
$100 : 2 :: 6000 : x = 160$
$100 : 3 :: 5000 : x = 150$
$40 + 160 + 150 = 350$; $350 - 260 = 90$ fr. pour l'assureur.

1054. $100 \times 45 = 4500$; $\cdot 100 = 45$; $\cdot 60 = 0,75$
$120 \times 110 = 13200$; $\cdot 100 = 132$; $\cdot 60 = 2,20$
$400 \times 180 = 72000$; $\cdot 100 = 722$; $\cdot 60 = 12$
$100 \times 220 = 2200$; $\cdot 100 = 220$; $\cdot 60 = 3,66$
$150 \times 270 = 40500$; $\cdot 100 = 405$; $\cdot 60 = 6,75$
$250 \times 290 = 72500$; $\cdot 100 = 725$; $\cdot 60 = 12,08$
$100 + 120 + 400 + 100 + 150 + 250 = 1120$
$2500 - 250 = 1250$; $1250 - 1120 = 130$; $130 \times 300 = 39000$; $\cdot 100 = 390$; $\cdot 60 = 6$ fr. 50; $0,75 + 2,20 + 12 + 3,66 + 6,75 + 12,08 + 6,50 = 43$ fr. 95 c. d'intérêt.

1055. $100 : 12 \times 20 :: 15000 : x = 36000$
$100 : 5 \times 20 :: 15000 : x = 15000$
$36000 - 15000 = 21000$ de perte.

1056. 106,50:100::25480:x=23924,88
23924,88—25480=1556;1556·3=518 $\frac{2}{3}$
23924,88+518,33=24443,21

1057. 100+5×5,50:100::20000:x=15686,29 c. F.

RÈGLE D'INTÉRÊT COMPOSÉE.

Probl.

1059. 10,000×4,50=450 fr. ; 10000+450=10450, capital de la seconde année ; 10450×4,50=470 fr. 25;10450+470,25=10920,25, capital de la troisième année ; 10920,25×4,50=491,41;10920,25+491,41=11411,66, capital de la quatrième année ; 11411,66×4,50=513,52;11411,66+513,52=11925,18, capital de la cinquième année.
11925,18×4,50=536,63 ; 11925,18+536,63=12461,81, intérêt et capital de cinq années.

1060. 4000×8=320;320+4000=4320, capital de 2me année.
4320×8=345,60;4320+345,60=4665,60, capital de la 3me année.
4665,60×8=373,24 ; 4665,60+373.24=5038,84, capital de la 4me année.
5038,84×8=403,10 ; 5038,84+403,10=5441,94 capital de la 5me année.
5441,94×8=435,35 ; 5441,94+435,35=5877,29, capital de la 6me année.
5877,29×8=470,18 ; 5877,29+470,18=6347,47, capital de la 7me année.
6347,47×8=507,79 ; 6347,47+507,79=6855,26, capital de la 8me année.
6855,26×8=548,42;548·2=274,21 pour la $\frac{1}{2}$ année.
6855,28+274,21=7129,47 pour capital et intérêts au bout de 7 ans et $\frac{1}{2}$.

1061. $12550 \times 0,45 = 5647,50$
$5647,50 \times 10,50 = 592,98$; $5674,50 + 592,98 = 6240,48$, capital de la seconde année.
$6240,48 \times 10,50 = 655,2504$; $6240,48 + 655,25 = 6502,75$, capital de la troisième année.
$6502,75 \times 10,50 = 661,78$, pour l'intérêt de la troisième ; mais on ne demande que l'intérêt de 5 mois et 6 jours de la troisième année, on aura $661,78 \cdot 4 = 165,57$ pour 5 mois ; $165,57 \cdot 3$ mois $= 55,19$; $55,19 \cdot \frac{1}{5}$ ou 6 jours $= 10,67$.

intérêt et capital après la 2me année	6502,75
intérêt pour 5 mois	165,57
intérêt pour 6 mois	10,67
somme à payer.	6478,99

1062. $100 : 5 \times x :: 2000 : 2000 = 20$ ans à intérêt simple, en opérant comme aux problèmes ci-dessus on trouvera 16 ans à peu de chose près.

1062. $132 \cdot 12 = 11$ années.
En opérant comme nous avons fait aux problèmes 1059, 1060, 1061 nous trouverons pour

capital de la	2me année	5287,50
	3me	5591,53
	4me	5913,04
	5me	6253,53
	6me	6613,09
	7me	6993,36
	8me	7395,48
	9me	7820,72
	10me	8270,41
	11me	8745,95

L'intérêt de la 11me année étant 502,89 pour 15 jours ou $\frac{1}{24}$, on aura 20,95; $8745,95 + 20,95 = 8766,90$ pour intérêt composés de 5000 fr. placés pendant 11 années et 15 jours.

ESCOMPTES ET PAIEMENTS.

Probl.

1067. 4780×6=286,80

1068. 560×5=28;28·2=14 fr.

1069. 328,50×15=4927,5;4927,5·7578=065.

1070. 942,725×165=155549,625,·100=1555,49625
·120=12,96.

1071. $\left\{\begin{array}{l} 2000\times3=6000 \\ 1000\times6=6000 \\ \overline{3000}\quad\overline{12000} \end{array}\right\}$ 12000·3000=4 mois.

1072. 1951×4=78,04
1951×66=128766,·100=1287,66,·90=14,30
;78,04+14,30=92,34.

1073. 100:94×1::x:580,50=617,55.

1074. $\left\{\begin{array}{l} 500\times1 = 500 \\ 1500\times1\frac{1}{2}=2250 \\ 1000\times4=4000 \\ \overline{3000}\quad\overline{6750} \end{array}\right\}$ 6750·3000 = 2 mois et 8 jours F.

1075. 100:6× $\frac{9}{12}$ (4,95)::8581,92:x=424,80.

1076. 210·30=7 mois.
100:5,50× $\frac{7}{12}$ (3,20)::x:715,75=737,95.

1077. 10000·5=2000.

1078. 7980
le $\frac{1}{3}$ = 2660
$\frac{2}{4}$ = 3990
le reste = 1330

1079. 520+308=828;828—1270,55=442,55
520+508+442,55=1270,55
1275,50 × 2 = 25,41 ; 1260,55 — 25,41 =
1245,10.

1080. $\left\{\begin{array}{l} 42\times2,50=105 \\ 25\times0,75=18,75 \\ 96\times2,10=201,60 \\ 4\times17,50=70 \end{array}\right\} 395,35$

$395,35\times5=19,76,75;395,35-19,76=375,59$
$;375,59\cdot25=$ 15 semaines.

1081. $70-535,80=34,20$
$100:x::570:34,20=6$ p. %.

1082. $4100-4014,50=85,50$
$100:x::4100:85,50=2$ fr.,08 F. p. %.

1083. $4550-3995=555$
$100:x\times6\frac{3}{4}\times\frac{15}{12}=8,44$ F. $::4550:555=6$
mois et 28 jours F.

1084. $200\times12=2400\times15,25=36600;36600-3000$
$=6600$
$100:x\times\frac{2}{3}\times\frac{20}{12}=13,55::36600:6600=$
1 mois $\frac{1}{3}$

1085. $50\times60=30,00,\cdot131,90=0,23$
$80,50\times2=161;161-50=111$
$111\times90=99,90,\cdot13190=0,72$
$50-23=49,77;111-0,72=110,28$

49,77	×	60	=	2986,20
110,28	×	90	=	9925,20
160,05				12911,40

$12911,40\cdot160,05=74$ jours

1086. $2200\times275=605000;605000\cdot100=6050;6050\cdot$
$72=84;2200+84=2284.$

1087. $400\times42=16800;16800\cdot8728=2$ fr. F.; $400-$
$2=398.$

1088.

	15000
la $\frac{1}{2}$ =	7500
$\frac{1}{4}$ =	1875

$7500-1875=5625$
les $\frac{2}{3}$ de $5625=3750;7500+1875+3750=$
$13125;15000-13125=1875$ pour dernier
paiement.

1089. $\left\{\begin{array}{ll} 200 \times 90 = & 18000 \\ 400 \times 275 = & 110000 \\ \hline 600 & 128000 \end{array}\right\}$ 128000·600=213 jours $\frac{1}{3}$

1090. $\left\{\begin{array}{ll} 1000 \times 5 = & 5000 \\ 1500 \times 9 = & 13500 \\ \hline 2500 & 18500 \end{array}\right\}$ 18500·2500 = 7 mois et 12 jours.

1091. 720×285=205200;·100=2052,·60=34,20;
720×34,20=754,20.

1092. $\left\{\begin{array}{ll} 180 \times 20 = 3600; 3600 - 1200 = 2400 & \\ 3600 \times 15 = & 54000 \\ 1200 \times 45 = & 54000 \\ \hline 2400 & 00000 \end{array}\right.$ comptant.

1093. 100 — 7 × $\frac{22}{12}$ = 87,17:100::1019,85:5 × x =
233 kilo.

1094. $\left\{\begin{array}{l} 4000 \times 30 = 120000 \\ 2000 \\ \hline 6000 \end{array}\right.$; 120000·6000=60=20 jours ; 20 + 30 =50 jours.

1095. 500×6=3000;·100=30
500×285=142500;·100=1425;·60=23,75
500 — 23,75 = 476,25 valeur à la première époque.
500×170=85000;·100=850;·60=14,16;
500 — 14,16 = 485,84 valeur à la deuxième époque.
500×90=45000;·100=450;·60 = 7,50;500 —7,50=492,50 valeur à la troisième époque.

1096. 100:6::122:x=7,32;7,32—122=114 kilo. 68 ;114,68×240=275,23;
100+5× $\frac{9}{12}$:100::275,23:x=R. 256 fr. 28.

1097.
250 × 22 = 5500 | 2000 × 360 = 720000
750 × 15 = 11250 | 1000 | 16750
1000 | 16750 | 1000 | 703250
1000
2000
703150 · 1000 = 703 jours.

1098.
2400 × 6 = 14400 | 9600 — 7000 = 2600;
3000 × 10 = 30000 | 111600 — 40000 = 7160;
4200 × 16 = 67200 | 71600 · 2600 = R. 27 mois.
9600 | 111600
3000 × 4 = 12000
4000 × 7 = 28000
70000 | 40000

1099.
8000
le 5me 1600 × 6 = 9600
1600 × 12 = 19200
1600 × 18 = 28800
1600 × 24 = 38400
1600 × 30 = 48000
144000 · 8000 = 18 mois.
8000 × 7 $\frac{5}{8}$ = 610; 8000 — 610 = 7390 en payant comptant

1100. 100 — 6 $\frac{3}{4}$: 100 :: 1400 : x = 1501,55 c. F.

1101. 180,30 × 15 = 27,145; 180,30 — 27,045 = 153,255; 153.255 · (30 × 12) = 0,43 c. F.

1102.
1000 × 9 = 9000, × 30 = 270000
1000 × 18 = 18000, × 30 = 540000
1000 × 27 = 27000, × 30 = 810000
1620000
1620000 · 100 = 16200; 16200 · 60 = 270 fr.
3000 — 270 = 2730 fr.; 2730 · 3 = 910 pour chaque billet.

1103. 22000×12=264000
15000 × 8=120000
7000 144000
144000 • 7000 = 20 mois 17 jours.

1104. 100: $\frac{3}{4}$ ×17::14000:x=198,5;1400+198,5=1598,5
100: $\frac{3}{4}$ ×11::10000:x = 825;10000 + 825 = 10825;1592,5 + 10825 = 12417,5;15000 — 12417,5=2582,5
2582,5—2050=472,5
100: $\frac{3}{4}$ ×x::2582,5:472,5=2 ans.

1105. 120
85
205 : 1500::120:x=878
205 : 1500::85:x=622

1106. 380×150=57000; •100=570; •60=9,50
400×450=18000; •100=180; •60=30
380—9,50= 370,50 valeur réelle du premier billet.
400—30=370 valeur réelle du second billet.

1107. 3000×3= 9000
5000×6=30000
2000×8=16000
4000×9=36000
3000+5000=8000
14000 91000
8000×2=16000
6000 75000 ; 75000 • 6000 = 1 an et 15 jours.

1108. 20:100×x::5:380=15 fr. 2 p. %
20:100×x::15,2:400=5 fr. 55 p. %

1109. 100:15×1::8,25:x=1,24 c. F.
8,25+1,24=9 fr. 49 c.

1110. 4000×4,50=1800; •100=180
1500×5,66=8490; •100=84,90
4000+1500=5500
180+84,90=264,90
5500—264,90=5236,90.

1111. 75+14=61 kilo; 61×2,45 =149,45; 149,45 : 610=0,245 fr. l'hectogramme première réponse
149,45×12=1793,40; : 100=17,934; 149,45+17,934=167,384; 167,384 : 61=2 fr. 75 c. F. le kilogramme seconde réponse.

1112. 100 : x : : 2000 : 150=7 fr. 50
100 : x : : 1200 : 80=6,66
7,50—6,66=0,84 c. de perte p. %

1113. 8000 × 12 =96000
le $\frac{1}{3}$=2666,66×10=26666,6
5333,34 69333,4
69333,4 : 533,34 =13 mois.

1114. 1 × 6 = 6
180 × 7 = 5,60
2,50×10=25,10
36,70
36,70 : 3=12,23 pour chaque article.

1115. le $\frac{1}{3}$ de 2946=982; la $\frac{1}{2}$=1473, le reste=491 ; 100×12 : 9 : : 982 × 3 : x = 22,095; 982 — 22,095=959,905 premier paiement.
100×12 : 9 : : 1473 × 3 : x=33,1425; 1473 — 33,1425=1439,8575 second paiement.

1116. 100 : 5 : : 40 : x=2 fr. pour la perte pour un an ; 6 mois = 1 fr.
100 : 5 : : 80 : x=4 fr. pour la perte pour un an ; 9 mois = 3 fr.
100 : 5 : : 480 : x=24 fr. pour la perte pour un an ; 9 mois =18 fr.
1+3=4; 18—4=14 de profit.

1117. 11
10
21 : 5600 : : 11 : x=1885 $\frac{5}{7}$ premier paiement.
21 : 5600 : : 10 : x=1714 $\frac{2}{7}$ second paiement.

1118. 400×15=600
100×60=600
500 000 comptant.

RÈGLE DE MÉLANGE ET D'ALLIAGE.

PREMIÈRE SORTE.

Probl.

1123. 25×40=10
30×50=15
18×60=10,80
73 — 35,80
35,80·73=50 F.

1124. 4,50+3,25+1,40=9,15; 9,15·3=3,05
3,05·10=0,305 prix du décilitre.

1125. 3×1,20=3,60
55×45=24,75
58 — 28,35
28,35·58=0,49 c. F.

1126. 270×0,45=121,50
105×0,75= 78,75
375×,025= 9,37
209,62
209,62·375=0,56 c. F.

1127. 100 ×0,35= 35
402,5×0,32=128,80
450 ×0,35=157,50
952,5 — 321,30
321,30 · 952,50 = 0,34 c. F.

1128. 25×1,10=27,50
1,10:1::90:x=0,81;0,81—1=0,19;19×25= 4 litres 75 centilitres d'eau.

1129. 40+27=67; 67·2=335
67:250::0,40:x=149 F. $\frac{36}{67}$
67:250::0,27:x=100 F. $\frac{31}{67}$

1130. 10× 1,8=18
5×1,20= 6
2×2,10= 4,20
17 — 28,20
28,20·170=0,165;,165×5 =0,825.

1131.
4500×0,11= 495
5000×0,09= 450
450×0,12= 54
8000×0,40=5200
17950 4499
} 4199·1795=2 fr. 54 F.

1132.
200×,40= 80
150× 60= 90
350× 20= 70
240
} 240·350=0,68 c.

1133.
250×0,70=175
30
280
} 175·280=0,65 c. F.

1134. 3,95+4+3 fr. 05=11;11·30=0,37 c. F.

1135.
30+50=80 hectolitres de blé, 20+40=60 hectolitres d'orge.
280+500=780;780·2=390;390·80=4fr.875, prix de l'hectolitre de blé ;780·60=13 fr., prix de l'hectolitre d'orge.

1136.
200×45= 90
210×55=115,50
410 40
245,50
} 245,50·410, = 0, 60 c. F.

1137.
le $\frac{1}{3}$ de 200=66,66
66,66×40=26,66
les $\frac{2}{3}$ de 200=133,34
133,34×0,50=66,67 ;
66,67+26,66=93,33
} 93,33·200=0,47 c.F

1138.
18 $\frac{1}{2}$ + 9 $\frac{3}{4}$ +10 $\frac{3}{4}$ =39 jours.
50+20+26=96 mètres.
96·39=2 mètres 46 centimètres.
1000·2 m. 46=40 jours et 7 heures.

1139. 5 $\frac{8}{10}$ +4 $\frac{4}{9}$ + 10 $\frac{1}{3}$ =20 mètres 60;200·20,60= 9 jours.

1140. 350+400+555=1 f. 50
1,5:68::350:x=18,30
1,5:68::400:x=20,92
1,5:68::555:x=28,78

1141. 70×90=63
30×80=24
87 d'or pur ou titre de l'alliage.

1142. 20 × ,05= 1
30×0,10= 3
28× , 14= 3,05
12 × 24= 2,88
90 10,81
10,80·90=0,12.

1143. 87—80=7 grammes d'or fin.
Il faudra donc combiner 7 grammes d'or à 0,90 de fin avec 3 gr. d'or à ,80, afin de composer l'alliage demandé.

1144. Pour former cet alliage il faudra 7 grammes du premier lingot et 3 grammes du second.

1145. Les titres des lingots sont 0,90, 0,80 et 0,87, en opérant comme ci-dessus, on aura 42 grammes du premier lingot et 18 du second.

1146. On formera l'alliage demandé en combinant les 70 grammes d'or à 0,90 de fin avec 30 grammes à 0,80 de fin.

1147. R. 9 grammes.

1148. R. 2 grammes de cuivre.

1149. 36×1,25=44,95
4×2,60=10,40
40 55,35
55,35·400=0,138;0,138×5=0,690.

1150. 7,5×2 fr. 50=18,75
4 × 0,80 = 3,20
1 × 120 = 1,20
12,5 23,25
23,25·12,5=1 fr. 86.

1151. $\left\{\begin{array}{l} 100 \times 2{,}60 = 290 \\ 350 \times 2{,}90 = 1015 \\ 10 \times 8{,}0 = 8 \\ \overline{460} \quad \overline{1283} \end{array}\right\}$ 1283·460 = 2 fr. 79 c. F.

1152. $\left\{\begin{array}{l} 70 \times 2{,}70 = 189 \\ 30 \times ,90 = 27 \\ \overline{100} \quad \overline{217} \end{array}\right\}$ 217·100 = 2,17 l'hectogramme.
Le gramme de cet alliage vaut donc ,217 millièmes et les 5 hectog. 5×0,217=1,085.

1153. $\left\{\begin{array}{l} 20 \times 1{,}50 = 30 \\ 80 \times 1{,}30 = 104 \\ 5 \times 2{,}50 = 12{,}50 \\ \overline{105} \quad \overline{146{,}50} \end{array}\right\}$ 146,50·105=1 fr. 40 c. F.

RÈGLE DE MÉLANGE ET D'ALLIAGE.

DEUXIÈME SORTE.

Probl.

1157.
74 14
  60
50 10
24 : 220 :: 14 : x = 128 $\frac{1}{3}$ à 50 c.
24 : 220 :: 10 : x = 91 $\frac{2}{3}$ à 74 c.

1158.
3 5
4 4
6 2
7,50 c. » 50 } 11,50.
  8
9 1 1×4=4.
4+11,50=15,50 de chaque sorte.

1159. $\left\{\begin{array}{l} 7 \times ,70 = 4{,}90 \\ 3 \times 1{,}20 = 3{,}50 \\ \quad\quad \overline{8{,}50} \end{array}\right\}$ 8,50·8=1,0625

1160. 2,25 ,35 | 2,50 ,10 } 45.
2,60
2,375 ,225 ,225×2=0,45
45+45=90 de chaque sorte.

1161. 65 ,05 ×3=15
70
75 05 | 85 15 | 95 25 } 45.
15+45=60 mesures.

1162. 70 15
85
120 35
50 } 15 litres à 1,20 et 35 litres à ,70c.

1163. 70 15
85
120 35
50 :10::15:x=3 à 1 fr. 20 c.
50 :10::35:x=7 à 70 c.

1164. 22 3 | 21 2 } 5
19
18 1 :1×2=2 } 2+5=7 mesures.

1163. 35 05 | 30 | 0 30 } 35:1::5:x=1 $\frac{15}{35}$ d'eau.
55:1::30:x=8 $\frac{20}{35}$ de vin.
35

1166. 2,00 55 | 2,50 5 } 60
255.
2,75 20 , 20×2=40
40+60=100;100:425::60:x=255 à 2,50 et à 2,75.
100:425::40:x=170 à 2 fr.

1167.
1,20   35
  85
70   15
  50 : 84 :: 35 : x = 58,8 à 70 c.
  50 : 84 :: 15 : x = 25,2 à 1,20.

1168.
95   7
  88
85   3
  10
dans la proportion de 3 : 7.

1169.
45   10
  35
00   35
  45 : 210 :: 10 : x = 46 $\frac{30}{45}$ d'eau.
  45 : 210 :: 35 : x = 163 $\frac{15}{45}$

1170. 12 × 75 = 9 ; 9 · 45 = 20 ; 20 — 12 = 8 litres d'eau.

1171.
15   7
18   4   13 × 2 = 26.
20   2
  22
25   3
30   8   11 × 3 = 33
  59
59 : 180 :: 13 : x = 3966 litres à 25 et à 30 fr. l'hectolitre
59 : 180 :: 11 : x = 3355 litres à 20, à 18 et à 15 fr. l'hectolitre.

1172.
51   10
  41
41   1
  11 : 450 :: 10 : x = 409 $\frac{1}{11}$ à 40 c.
  11 : 450 :: 1 : x = 40 $\frac{10}{11}$ à 51.

1173.
25   35
50   10   45 × 2 = 90 mesures à ,70 et à 1,20.
  60
70   10
120   60   70 × 2 = 140 mesures à ,25 et à ,50.
90 + 140 = 230 mesures en tout.

1174. 300—50=250; la $\frac{1}{2}$ =125;125+50=175;175
·210=0,83;125·210=54.
83 23
  60
54 6
29 : 120::23:x=95 litres $\frac{5}{29}$ à 54 c.
29 : 120::6:x= 24 litres $\frac{24}{29}$ à 83 c.

1175. 62 2 / 60 / 55 5
7:180::2:x=51 $\frac{3}{7}$ à 55
7:180::5:x=128 $\frac{4}{7}$ à 62

1176. 25 35 / 50 10 } 45×2=90
  50
70 10 / 120 60 } 70×2=140
} 230.
230:560::45:x=70 $\frac{16}{23}$ à 70 et à 1,20.
230:560::70:x=109 $\frac{13}{23}$ à 25 et à 50.

1177. 52,25·325=0,16;60+16=76.
76 26
  50
00 50
26 litres d'eau sur 50 de vin.

1178. R. $\frac{3}{7}$ de 70 ou 30;70+30=100 litres en tout.

1179. On ajoutera 2 litres d'eau aux 108 litres de vin.

1180. 5 7 / 10 2 } 9×2=18
  12
14 2 / 24 12 } 14×2=28
46
46:360::9 : x = { 70 litres $\frac{20}{46}$ à 0,14 / 70 id. $\frac{20}{46}$ à 0,24
46:360::14:x:: { 109 litres $\frac{26}{46}$ à 0,05 / 109 id. $\frac{26}{46}$ à 10

1181. $540 \cdot 225 = 2,4$

3 0,6
2,4
2 0,4

$1:125::4:x=90$
$1:125::6:x=135$

1182.
80 20
60
15 15
$20:15::30:x=22\frac{1}{2}$
$22\frac{1}{2}+30=52\frac{1}{2}$; $350-52\frac{1}{2}=297\frac{1}{2}$
75 15 $\times 3=45$
55 05
60
40 20
25 35
60.
$60+45=105$
$105:60::297\frac{1}{2}:x=170$ à 75 c.
$105:15::297\frac{1}{2}:x=42\frac{1}{2}$ à 55
$105:15::297\frac{1}{2}:x=42\frac{1}{2}$ à 40
$105:15::297\frac{1}{2}:x=42\frac{1}{2}$ à 25
30 à 45
22 à 80

1183.
18
6
24, la $\frac{1}{2}=12$

17 2; $2\times 3=6$
15
15 3
10 5
90 6
14

$14+6=20$; $20:14::800:x=560$ à 17
$20:2::800:x=80$ à 9
$20:2::800:x=80\frac{1}{2}=40$ à 18
$20:2::800:x=80$ à 10
$20:2::800:x=80$ et la $\frac{1}{2}=40$ à 6 fr.

PROGRESSIONS PAR DIFFÉRENCE OU ARITMÉTIQUES.

Probl.

1186. 50×12;—1 ou 11=550;550+100=R. 650.

1187. 2,50×9;—1 ou 8=20;20+2=22.

1188. 80×10=800;1750—800=950;950×2=1900 ;10×9=90;1900·90=21,111 pour la raison.

1189. 2,50×9—1 ou 8=20;22—20=2.

1190. 1×21=21;1×21×20=420;420·2=210;21+210=231 fr. ;231×5=1155 fr.

1191. 9—1=8;8×15=90;90+12=1 ou 20 c.

1192. 57,50×5=187,50 qui est le 25me terme de la progression, le puits aura donc 25 mètres.

1193. 6—1=5;×15=75;267—75=192.

1194. 0,20×15—1 ou 14=2,80;3,30—2,80=0,50 pour 1er paiement.

1195. 3 m. 45—1,10=2,35;2,35·9=0,261.

1196. 59—7=52;11—7=4;52·4=13;13+1=14 termes.

1197. 54,70+0,10=54,80;365·2=182,5 ; 182,5×54,80=10,001.

1198. 15400×2=30800;30800·88=350;350—262=88 pour premier terme.

1199. 280—100=180;180·11—1 ou 10=18.

1200. 1120·56=20 ; 250×2=500 pour premier terme.
250×2=500;250+20=270;270×2=540 pour deuxième terme ; 540—50=40 pour la raison.
40×56—1 ou 55=2200 ; 2200+50=2700 mètres.

1201. 13+(17—1 ou 16)=29;29×3=87;13×2=26;87—26=61 pour premier terme.

PROGRESSIONS PAR QUOTIENT OU GÉOMÉTRIQUES.

Probl.

1202. 4×3^9 ou $19683 = 78752$ pour 10me terme.

1203. 8×6^{11} ou $406774656 = 525419748$.

1204. $\left\{ \begin{array}{l} \frac{6}{6} - \frac{1}{5} = \frac{5}{6} ; \frac{5}{6}^9 \text{ ou } \frac{2453125}{11299216} - 1 = x^1 \\ x^1 \times 2 \text{ fr. } 50 = x^2 ; \cdot \frac{5}{6} = x^3 ; x^3 - 1 = 52 \text{ fr.} \end{array} \right.$

1205. $648 \cdot 6^4 = 1296 ; 1296 \cdot 648 = 2$ pour premier terme.

1206. $6825 - 5120 = 1705 ; 6825 - 5 \cdot 1705 = 4 ; 4 \times 4 = 16$ pour 2me paiement, etc.

1207. $162, \times 1,50 = 243 ; 243 - 2 = 241 ; 241 \cdot 0,50 = 422$.

1208. 100;100;121;133,1;146,41;161,051;177,1571;194,87171 pour 8me paiement.

1209. $18000 \cdot 05 = 36000 ; \sqrt[3]{36000} = 33 ; \sqrt[3]{33} = 3,20$.

1210. $3^6 \times 8 = 52488$.

1211. $500 \cdot 40 = 12,5 ; \sqrt[2]{12,5} = 3,12 ; \sqrt[2]{3,12} = 1,82$.

SUPPLÉMENT
AUX PROBLÈMES D'ARITHMÉTIQUES.

Probl.

1213. Supposons que la plus grande partie soit représentée par x, la plus petite égalera $7-x$, il faut donc que $x=7-x+3$ ou $10-x$; ajoutant x on a $2x=10$, et divisant ce dernier nombre par 2 le quotient et que $x=3$. La plus grande partie est donc 5 et la plus petite 2.

1214. $8:15::150:x=$281 kilos 25.

2115. Supposons x pour la portion du 3me fils, celle du second sera $x+100$, et celle du 1er, $x+300$, ces trois portions forment ensemble 1600

$$\text{on a } 3x+400=1600$$
$$3x=1200$$
$$x=400$$

La part du cadet est 400, celle du puîné 500 et celle de l'aîné 700.

1216. 15:13::31 grammes $:x=$96 grammes $\frac{13}{15}$

1217. Représentez la portion d'une fille par x, celle d'un fils par $2x$ et celle de la veuve par $4x$ on aura donc

$3x+2x+4x=11000$ et $x=1000$ écus.

$x=1000\times3=$ 3000 pour les filles.

$2x=2000\times2=$ 4000 pour les fils.

$4x=$ 4000 pour la mère.

1318. Les deux parties de la perche sont entr'elles comme 2:3, on aura donc ce résultat en suspendant à une distance des trois porteurs qui soit une longueur de la perche marquée par $\frac{2}{2+3}$ ou $\frac{2}{2}$

R. à 14 décimètres de cés porteurs.

1219. Exprimons l'héritage par x
La part du 1er fils est $\frac{1}{2}x$ — 1000
id. 2me id. $\frac{1}{3}x$ — 800
id. 3me id. $\frac{1}{4}x$ — 600
$\frac{1}{2}x + \frac{1}{3}x + \frac{1}{4}x - 240 = 28800$.
C'est-à-dire $\frac{13}{12}x - 2400 = x$; soustrayant x il reste $\frac{1}{12}x - 2400 = 0$; ajoutant 2400 on a $\frac{1}{12}x = 2400$, multipliant enfin par 12, le produit est $x = 28800$.
Part de l'aîné 13400
id. du puîné 8800
id. du jeune 6600

1220. Le poids : la force :: 4 décimètres : 15 centimètres,
ou 8 : 3

1221. Ce nombre sera représenté par x ; il faut que $x + \frac{1}{2}x - 60 = 65 - x$, c'est-à-dire,
$\frac{3}{2}x - 60 = 65 - x$
ajoutant x on a $\frac{5}{2}x - 60 = 65$
ajoutant 60 on a $\frac{5}{2}x = 125$
divisant par 5 on a $\frac{1}{2}x = 25$
multipliant par $2 = x = 50$
le nombre cherché est 50

1222. L'usure des petites roues : celle des grandes :: 15 : 12 ou :: 5 : 4.
C'est-à-dire que l'usure est dans le même rapport que leur vitesse, c'est-à-dire en raison inverse des rayons.

La plus petite des deux parties sera représentée
par x, la plus grande sera$=32-x$, la 1re di-
visée par 6 donne $\frac{x}{6}$ la seconde divisée par 5
$=\frac{32-x}{5}$, or il faut que $\frac{x}{6}+\frac{32-x}{5}=6$. Ainsi en
multipliant par 5 on a $\frac{5}{6}x+32-x=30$ ou $\frac{1}{6}x$
1223. $+32=30$.
Ajoutant $\frac{1}{6}x$, il vient $32=30+\frac{1}{6}x$.
Soustrayant 30 il reste $2=\frac{1}{6}x$.
Multipliant par 6 on a $x=12$.
Donc la plus petite est 12 et la plus grande
est 20.

Les grandes roues font 6 tours quand les petites
en feront 8, ou 3 contre 4, attendu que leurs
1224. vitesses sont dans le rapport inverse de leurs
circonférences ou de leurs rayons.

Le nombre à chercher sera x, il est au-dessous
de $12-x$. Prenant le nombre x cinq fois, on
aura $5x$, ce qui est moindre que 40, de $40-5x$,
1225. et cette quantité doit être égale à $12-x$. On
aura donc $40-5x=12-x$,
Ajoutant $5x$; $40=12+4x$
Soustrayant 12; $28=4x$
Divisant par 4 : $x=7$, nombre cherché.

1226. La vitesse de la première : la vitesse de la se-
conde :: 36:54, ou comme 2:3.

La première partie sera x
La deuxième sera $x+\frac{1}{2}$; la troisième $x+1$,
etc. Ce problème formant une progression,
le dernier terme sera $x+4$.
En ajoutant ces deux termes ensemble, on a $2x$
$+4$, multipliant cette quantité par le nombre
1227. des termes ou par 9 on a $18x+36$, et divi-
sant ce produit par 2 on obtient la somme de
toutes les neuf parties $=9x+18=48$.
Soustrayant 18 il reste $9x=30$
et divisant par 9 on a $x=3\frac{1}{3}$
La 1re partie sera $3\frac{1}{3}$ et la dernière $7\frac{1}{3}$

1228. $15 : 1,2 :: 520 : x = 41$ kilos 6.

1229. Le nombre des termes sera représenté par x, la somme de la progression par $\frac{15x}{2}$ ou 60 ; $\frac{1}{2}x = 4$ et $x = 8$. Le nombre des termes sera donc 8.

En supposant la différence $= z$, il s'agit de chercher le 8me terme dans cette supposition et de le faire $= 10$. Le second terme est $5 + z$, le troisième terme, est $5 + 2z$ et le huitième est $5 + 7z$.

ainsi $5 + 7z = 10$

$7z = 5$

et $z = \frac{5}{7}$

La différence de la progression est donc $\frac{5}{7}$

1230. Ces forces sont entr'elles comme $\frac{25}{3} : \frac{27}{2}$ ou comme $\frac{5}{3} : \frac{9}{2}$ ou comme $10 : 27$.

1231. Supposons que ce nombre $= x$ le double sera $2x$; en en soustrayant 1, on aura $2x - 1$, doublant ceci on aura $4x - 2$, soustrayant 2, le reste sera $4x - 4$, divisant par 4, le reste sera $x - 1$.

ainsi $x - 1 = x - 1$.

Donc l'équation est identique, et elle indique que x n'étant pas déterminé, on peut prendre à sa place un nombre quelconque.

1232. Ces forces sont entr'elles comme $\frac{25}{5} : \frac{36}{4}$ ou comme $5 : 9$.

Le nombre de mètres sera représenté par x. $5 : 7 :: x : x = \frac{5}{7}x$ franc dépense.

$7 : 11 :: x : x = \frac{11}{7}x$ franc recette.

Cette recette doit surpasser de 100 la dépense, on aura donc $\frac{11}{7}x = \frac{7}{5} + 100$ soustrayant $\frac{7}{5}x$ il reste $\frac{6}{35}x = 100$, donc $6x = 3,500$ et $x = 533\frac{1}{2}$

1234. La force d'une vis croisssant comme le quotient de la circonférence par la longueur de son pas, la pression exercée en appliquant immédiatement la vis donne une force de 100 k., la réponse serait $100 \text{ k.} \times 0{,}07 \times \dfrac{\dfrac{355}{113}}{0{,}005} = \text{P}$.

Mais la force étant appliquée à l'extrémité d'un levier de 1,2 on aura la proportion ; le rayon de la vis $0{,}035 : 1{,}2 :: \text{P} : x = 150796$ kilos.

1235. Supposons qu'une pièce blanche coûte x fr., les deux de cette sorte coûteront $2\,x$.

De plus une pièce noire coûtant $x + 2$ les trois pièces de cette couleur coûteront $3\,x + 6$. Enfin une pièce bleue coûte $x + 5$ donc les sept bleues coûtent $7\,x + 35$. Ainsi toutes les douze pièces reviennent ensemble à $12x + 41$.

240 fr., prix réel des douze pièces $= 12\,x + 41$
et $12\,x = 99$
donc $x = 8\frac{1}{4}$

Ainsi la pièce de drap blanc coûte 8 fr. $\frac{1}{4}$
id. drap noir id. 10 fr. $\frac{1}{4}$
id. drap bleu id. 13 fr. $\frac{1}{4}$

1236. Quand la première aura fait un tour la seconde en fera 4, ainsi quand la première en aura fait 100 la seconde en aura fait 400.

Quand la seconde aura fait un tour la troisième en aura fait $\frac{3}{2}$, ainsi quand la seconde aura fait 400 tours la troisième en aura fait 400 fois $\frac{3}{2}$ ou 600.

1237. Supposons que le poids du couvercle $= x$ décagramme, le premier gobelet étant couvert pèsera $x + 12$, or ce poids étant le double de celui du second gobelet, il faut que ce gobelet-ci pèse $\frac{1}{2} x + 6$. Si on le couvre il pèsera $\frac{3}{2} x + 6$ et ce poids doit être le triple de 12, ou du poids du premier gobelet. On aura donc $\frac{3}{2} x + 6 = 36$ ou $\frac{3}{2} x = 30$, donc $\frac{1}{2} x = 20$ $x = 20$.
Le couvercle pèse 20 décagrammes et le second gobelet pèse 16 décagrammes.

1238. Pour que la troisième roue fasse un tour il faut que la seconde en fasse $\frac{54}{24}$
Pour que la deuxième fasse un tour il faut que la première en fasse $\frac{24}{18}$
Pour que la deuxième en fasse $\frac{54}{24}$ il faut donc que la première en fasse $\frac{54}{24}$ de fois $\frac{24}{18}$
Pour que la troisième fasse 15 tours il faut donc que la première en fasse 15 fois $\frac{54 \times 24}{24 \times 18}$ ou 45.

1239 Ici $A = 10$, $B = 20$ et $C = 17$, ce qui fournit les règles suivantes :
$10 : 3 = 10 : 3$, ainsi 3 pièces de la 1re sorte.
$10 : 7 = 20 : 14$, et 14 pièces de la 2me sorte.

1240. Le résultat sera le même que si les deux roues engrenaient ensemble. Si la première fait un tour la seconde en fera $\frac{15}{60}$ ou $\frac{1}{4}$, si donc la première en fait 28 la seconde en fera $\frac{28}{4}$ ou 7.

1244. L'héritage sera représenté par z et puisque tous les enfants tirent une même somme, soit une proportion d'un chacun $= x$ moyennant quoi le nombre d'enfants s'exprimera par $\frac{z}{x}$

Cela convenu nous poserons l'opération dans l'ordre qui suit :

Le bien à partager.	Ordre des enfants.	Portion de chacun.	Différence.
z	le 1er	$x = 100 \times \frac{z-200}{10}$	
$z - x$	le 2me	$x = 200 + \frac{z-x-200}{10}$	$100 - \frac{x-100}{10} = 0$
$z - 2x$	le 3me	$x = 300 + \frac{z-2x-300}{10}$	$100 - \frac{x-100}{10} = 0$
$z - 3x$	le 4me	$x = 400 + \frac{z-3x-400}{10}$	$100 - \frac{x-100}{10} = 0$
$z - 4x$	le 5me	$x = 500 + \frac{z-4x-500}{10}$	$100 - \frac{x-100}{10} = 0$
$x - 5x$	le 6me	$x = 600 + \frac{z-5x-60}{10}$	et ainsi de suite.

Le résultat est donc $100 - \frac{x-100}{10} = 0$ multipliant par $10, 1000 - x - 100 = 0$ ou $= 900 - x = 0$ donc $x = 900$.

$900 = 100 + \frac{z-100}{10}$ d'où l'on tire z sur le champ, car on a $9000 = 1000 + z - 100$ ou $900 + z$ donc $z = 8100$, par conséquent $\frac{z}{x} = 9$

Réponse 9 enfants.
L'héritage est 8100.
La portion de chacun est 900.

TABLE.

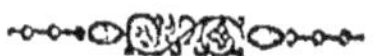

FIN DE LA TABLE.

www.ingramcontent.com/pod-product-compliance
Ingram Content Group UK Ltd.
Pitfield, Milton Keynes, MK11 3LW, UK
UKHW020202200726
13856UKWH00003B/1148

9 782011 903235